高等职业教育建筑设计类专业精品教材

Construction Technology of
Architectural Decoration

建筑装饰
施工工艺

周子良　汤留泉　伍爱华　编　著

中国轻工业出版社

图书在版编目（CIP）数据

建筑装饰施工工艺/周子良，汤留泉，伍爱华编著.
—北京：中国轻工业出版社，2025.2
ISBN 978-7-5184-3023-9

Ⅰ.①建… Ⅱ.①周… ②汤… ③伍… Ⅲ.①建筑
装饰－工程施工 Ⅳ.①TU767

中国版本图书馆CIP数据核字（2020）第090830号

责任编辑：李　红　　责任终审：劳国强　　整体设计：锋尚设计
责任校对：吴大朋　　责任监印：张　可

出版发行：中国轻工业出版社（北京鲁谷东街5号，邮编：100040）
印　　刷：艺堂印刷（天津）有限公司
经　　销：各地新华书店
版　　次：2025年2月第1版第2次印刷
开　　本：889×1194　1/16　印张：8.5
字　　数：260千字
书　　号：ISBN 978-7-5184-3023-9　定价：49.80元
邮购电话：010-85119873
发行电话：010-85119832　010-85119912
网　　址：http://www.chlip.com.cn
Email：club@chlip.com.cn

前言

PREFACE

习近平总书记在党的二十大报告中指出："必须坚持在发展中保障和改善民生，鼓励共同奋斗创造美好生活，不断实现人民对美好生活的向往。""坚持人民城市人民建、人民城市为人民，提高城市规划、建设、治理水平，加快转变超大特大城市发展方式，实施城市更新行动，加强城市基础设施建设，打造宜居、韧性、智慧城市。"

建筑是人们生活、工作、学习、娱乐的场所，是城市发展的基础和灵魂。作为建筑装饰设计师肩负着创造美好空间环境、改善人类生活质量的重任。建筑装饰设计是一项综合设计工作，需要设计师掌握丰富的知识和技能。而建筑装饰施工工艺课程是为了让设计师掌握这些基本知识和技能，培养设计师的创造力和审美能力，为今后的建筑设计工作打下坚实的基础。

随着我国经济水平的稳步提升和建筑装饰市场的国际化进程，市场规模的拓展对工程设计人才提出了更高要求，他们不仅需要掌握丰富的技术技能，还要具备卓越的职业素养，同时在设计及施工过程中展现出求真务实的工作态度。

本书系统介绍了建筑装饰工程各个阶段及不同构造类型的施工技术，旨在提升设计人员的专业技能。全书共分七章，包括建筑装饰工程前期筹备、基础施工、水电路施工、墙地面工程施工、建筑构造施工、油漆涂料施工以及设备安装施工。书中内容条理清晰，例如，在建筑装饰工程前期筹备部分，详细阐述了施工流程、工程承包方式等相关事宜；基础施工章节则深入讲解了施工放线、钢筋混凝土工程等内容。水电路施工部分不仅介绍了基本工艺，还涉及了回填找平与防水施工的技术细节。墙地面工程施工章节则对各类墙地砖和石材的铺设工艺等进行了说明。

在建筑构造施工方面，本书总结了墙体构造、吊顶构造以及基础木质构造制作的关键技术和施工方法。油漆涂料施工章节通过丰富的图文资料，生动展示了油漆、涂料及壁纸施工的整个过程。至于设备安装施工部分则全面阐述了各类设备的安装以及不同构造的维修与保洁工作。

本书将建筑装饰工程的施工技术以系统化、逻辑化的方式呈现给读者和设计学习者。书中不仅包含详细的文字说明和图解，辅以图表、补充要点和章节小结，以丰富读者的思维视野，避免学习过程单调乏味。此外，还提供了配套的PPT和同步教学视频，极大地方便了教师的教学和读者的自学，同时也适用于承包方、发包方以及项目经理参考学习。

编著者

目录

CONTENTS

第一章
建筑装饰工程前期准备

教学视频
（扫码下载）

PPT 课件
（扫码下载）

》 学习难度：★ ★ ☆ ☆ ☆

》 重点概念：施工流程、承包方式、施工预算、施工要求、材料设备进场

》 章节导读：建筑装饰工程施工十分复杂，不仅需要将各个工种的施工员组织起来，相互协调、密切配合，同时，还需对每一个工种要注意的细节有所了解，这样才能更好地进行施工调配，工程才能顺利完成。装饰施工的主导因素是人，施工员、设计师以及项目经理等都是参与的核心。因此，施工准备的重要环节就是将每个参与者积极调动起来，充分发挥参与者的劳动积极性，以此保证最终的施工质量。

第一节 施工流程

建筑装饰工程施工的工序不能一概而论，在施工中应严格把控施工流程，理清施工顺序，看似简单的施工先后顺序包含着很深的逻辑关系，一旦颠倒工序就会造成混乱，甚至严重影响施工质量，施工一定要根据现场实际的施工工作量与设计图纸最终确定。

施工前应做好相应的测量准备工作，主要包括施工图审核，测量定位依据点的交接与检测，测量方案的编制与数据准备，测量仪器和工具的检验校正以及施工现场测量等内容。

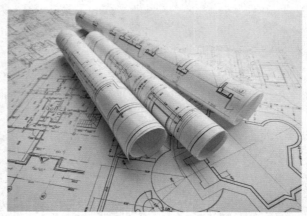

图1-1 施工应准备的资料

图1-1：施工前应准备好相应的资料，包括城市规划、测绘资料，工程勘察资料，施工设计图纸，施工组织设计或设计方案，施工现场地下管线、建筑物等测绘成果资料。

一、基础施工

1. 基本准备

（1）在进行基础施工之前需要组织各类人员与装饰材料进场，发包方、设计师、施工员、项目经理以及监理等需同时到达施工现场，对装饰工程项目进行交流。

（2）整理现场施工环境，有针对性地调整建筑构造，并进行必要的整理。

（3）清除建筑界面上的污垢，对空间进行有目的性的规划调整，并在地面上放线定位，打好地基，进行建筑基础轮廓施工，并制作施工必备的脚手架、操作台等。

2. 实施要点

基础工程的实施要点是为后续施工奠定良好的基础，方便后续施工正常展开（图1-1、图1-2）。

图1-2 施工前的检测工作

图1-2：施工前应做好相应的检测工作，包括起始依据点的检测，建筑物定位放线、验线与基础以及±0.000以上的施工检测与测量等。

二、水电路施工

1. 概念

水电路施工又称隐蔽施工，一般水路、电路的各种管线都为暗装施工，即管线都埋藏在墙体、地面、装饰构造中，从外观上看不到管线结构，形式美观，使用比较安全（图1-3、图1-4）。

2. 注意事项

（1）水电路施工应该由专业的水、电施工员持证上岗操作，水电施工材料应最先进场，发包方、设计师、施工监理以及施工员等应到现场检查材料的数量与质量，合格后才能开工。

（2）施工员依据设计图纸，采用切割机、电锤在建筑物每一层的地面、墙面以及顶面上开设凹槽，先铺设给、排水管路，联通后进行水压测试，再进行强、弱电路布线。

（3）施工后连接空气开关，通电检测，经测试无误后，施工方组织发包方、设计师等进行验收，合格后才能修补线槽。

（4）水电施工的重要环节是测试强度，尤其是水压应高于当地自来水压力2倍以上，打压器的压力应达到0.6Mpa以上，持续48h不渗水才符合安全标准。

（5）水电施工后，外壁应及时采用1∶2水泥砂浆填补凹槽，将施工现场打扫干净，在需要的区域重新涂刷防水涂料。

三、地面工程施工

1. 概念

地面工程施工又称泥瓦施工或泥水施工，主要包括地面水泥砂浆找平施工、地面石材铺贴施工、地面瓷砖铺贴施工、地毯铺贴施工以及地板铺贴施工等（图1-5）。

2. 注意事项

（1）地面工程施工十分细致，要求施工员具有良好的耐心与责任心，要将地面铺装材料的边角部位仔细敲击，并保证缝隙均匀一致。

（2）地面工程施工的关键在于工序，要弄清具体的施工工序，并依据工序依次进行施工，不可任意更改，若需要更改，应进行会审，再决定工序更改是否可行。

四、建筑构造施工

1. 概念

建筑构造施工主要包括墙体构造施工、吊顶构造施工以及木质构造施工等，运用材料广泛，涉及木材、金属、玻璃、布艺、塑料等多种材料，施工

图1-3　水路施工

图1-3：水路改造需注意不同区域以及不同的功能分区给水管的位置分布，并做好应急处理措施。

图1-4　电路施工

图1-4：电路改造需注意强电与弱电之间应保持间距，线管布置后应采用固定件绑扎，同时还需做好供电检查。

图1-5　瓷砖铺贴

图1-5：无论是墙砖铺贴还是地砖铺贴，都应在砖体背后均匀涂抹素水泥，提高粘接性能。

图1-6 木质材料裁切

图1-6：裁切木质板材时务必在木工操作台上施工，这样能有效确保切割精度与安全性。

图1-7 油漆涂料施工工具准备

图1-7：涂饰施工前先要准备好各类工具，主要包括砂纸、滚筒、铲刀、羊毛刷以及其他配套工具。

周期长，施工难度高，对施工员的综合素质要求很高（图1-6）。

2. 注意事项

（1）建筑构造施工的核心在于精确的尺度，要求施工员严格对照图纸施工，仔细测量装饰构造的各个细节，将尺寸精确到毫米。

（2）建筑构造施工时还应精确裁切各类材料，反复调试构造的安装结构，同时注重构造的外部装饰效果，力求光洁、平整、无瑕疵。

五、油漆涂饰施工

1. 概念

油漆涂饰施工是指采用油漆以及涂料等材料对装饰构造进行涂饰，这是建筑装饰工程的外部饰面施工（图1-7）。

2. 注意事项

（1）涂饰施工的关键在于材料的基础处理，在涂刷墙面乳胶漆前，应将墙顶面满刮腻子，腻子的质量与厚薄是乳胶漆施工的关键。

（2）在木质构件及其他构件的表面涂刷透明清漆之前，应采用砂纸将构造表面打磨平整，在凹

图1-8 修补腻子

图1-8：修补墙面腻子时应尽量涂抹平整，边角部位应采用金属模板辅助校正垂直度。

陷部位要仔细填补经过调色后的腻子粉，再次打磨平整后才能涂刷油漆，施工完成后还应及时清理养护（图1-8）。

六、设备安装施工

1. 概念

设备安装施工包括门窗、灯具、洁具、电气以及通风等设备的安装工作。

2. 注意事项

在实际生产过程中很多成品件都不是专为某一

种户型研发设计的，厂家一般推出万能规格，到现场安装时再经过调试、修整，安装施工虽然效率较高，但要注重工艺质量。

七、维修保养

1. 概念

维修保养是指装饰工程结束后会存在一些问题，需要在日后的维修保养中解决，常见的维修保养主要包括水路维修、电气维修、地面铺装工程维修、防水维修以及墙面翻新等内容。

2. 注意事项

（1）施工队与发包方对装饰工程进行验收时，发现问题要及时整改，绘制必要的竣工图，必要时还需拍照存档。

（2）施工流程应严格按照顺序执行，前后相邻施工项目可以交错进行，但需依据空间大小来决定是否可以同时进行三种以上的施工项目。

（3）每项施工结束后都应及时验收，发现问题应尽快整改，这些都是降低施工成本，提高施工效率的关键所在。

第二节 承包方式

要确定承包方式，首先要确定选用何种施工人员，对于施工组织也必须有一定的了解，而装饰合同中最为重要的内容则是装饰工程的承包方式及施工方的责任义务，对于承包方式的种类以及具体细节都应做一个详细的了解。

一、施工员组织

1. 项目经理

项目经理是很多装饰公司面向客户的主要窗口，他统筹整个装饰施工，安排并组织全套施工，各工种施工员都听从项目经理的安排。因为，施工员的工资都由项目经理核实发放。施工员的组织管理核心在于项目经理，与其选择施工员、施工队，还不如选择正确的项目经理（图1-9）。

优秀的项目经理一般任职于大中型装饰公司，为人谦和，善于表达，熟悉建筑装饰施工的各个环节，能亲自参与到施工中来，且能与施工员打成一片，熟练运用各种机械设备，能临时替补任何一名缺席的施工员，具有开拓创新思维，具有一定的时尚品位，能在设计图纸的基础上提出更前卫的修改方案。

图1-9 项目经理证书

图1-9：项目经理是建筑施工的主要负责人，正规且专业的项目经理会持证上岗，注意检查装饰项目经理是否具备项目经理资格证书，并确定发证机关与有效期限。项目经理的主要职责是在施工现场组织、安排各施工员的工作，是承包方以及设计师与施工员之间沟通的桥梁。

2. 施工员替代

（1）水、电工不可相互替代。水工与电工的施工效率较高，工具利用率高，施工周期相对短，常常混淆不清，虽然二者技术含量比较接近，但还是存在很大区别，国家认定的上岗证与技能等级证书均不同，因此不能相互替代，更有甚至水、电工替代泥瓦工铺贴瓷砖，这样很难保证施工质量。

（2）建筑施工队不可与室内装饰施工队互换、混淆，二者虽有联系，但联系不大，室内装饰施工讲求精、细、慢，大多为独立施工，对施工质量有特别严格的要求。例如，从事地砖铺贴与墙砖砌筑的同样是泥瓦工，但地砖铺贴要求更细致，表面无水泥砂浆抹灰掩盖；而建筑施工则讲求集体协调，

统筹并进，技术操作要领没有室内装饰施工细致，很多成品构造都依靠后期装饰来掩盖。

3. 施工员管理

要想顺利完成建筑装饰工程的建设，对于施工员的具体管理章程就必须提上日程，对于不同的施工行为应该有不同的处理对策（表1-1）。

表1-1　　　　　　　　　　　　　施工员管理方式一览表

施工行为	图示	分析原因	对策	管理效果
消极怠工		对工资不满意，生性懒散，对生活缺乏激情，身体状况不佳	找准原因，适当提高工资待遇，积极联系其他施工员替代	较好
迟到早退		受教育程度不高，缺乏约束力度	定制严格的考勤赏罚制度	较好
取巧偷懒		装饰公司与项目经理管理松散，给不良行为带来可乘之机	要求装饰公司与项目经理从严管理	一般
擅减配料	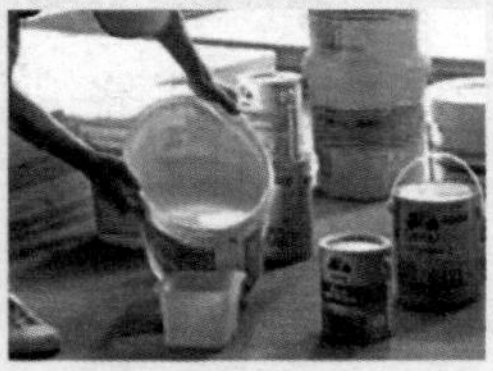	偷工投机，受项目经理指示	要求装饰公司从严管理，更换项目经理	一般
场地脏乱		卫生清洁意识薄弱，没有配置专业的场地杂工	要求装饰公司与项目经理增派人手	较好
不讲诚信		中途退场，随意中止合约，临时要求提高工资待遇	更换施工员	较好

续表

施工行为	图示	分析原因	对策	管理效果
消防意识薄弱		施工现场无灭火器等消防设备与消防安全标识	加强安全教育,要求装饰公司添置安全设备	一般
安全意识薄弱		器械工具使用不规范,高空作业无防范措施,施工现场无安全标识	加强安全教育,要求装饰公司添置安全设备	较好
卫生意识薄弱		施工期间在现场居住,污染周边环境	要求另选地址居住	较好
赌博		占用工作时间、休息时间赌博娱乐,影响他人工作、休息	根据情节讲明道理,向装饰公司举报,并更换施工员	一般
盗窃		盗窃施工现场材料、工具,给承包方、装饰公司造成损失,影响施工进程	向装饰公司与公安机关举报,并更换施工员	较好

二、全包、半包、清包

1. 全包

全包是指装饰公司或项目经理根据建设单位提出的装饰要求,承担全部工程的设计、材料采购、施工、售后服务等一条龙工程。此外,签订合同时,应该注明所需各种材料的品牌、规格及售后责权等,工程期间也应抽取时间亲临现场进行检查验收。

2. 半包

半包也称包工包辅料,是由装饰公司负责提供设计方案、装饰施工人员管理及操作设备以及全部工程的辅助材料采购,包括基础木材、水泥砂石以及油漆涂料的基层材料等。

包工包辅料的方式在实施过程中,应该注意保留所购材料的产品合格证、发票、收据等文件,以备在发生问题时与材料商交涉,合同的附则上应写明甲、乙双方各自提供的材料清单。

3. 清包

清包就是包清工,是指装饰公司或项目经理提供设计方案、施工人员和相应设备,而发包方自备各种装饰材料的承包方式,这种方式目前运用较少。

第三节　施工预算

施工预算是建筑装饰工程编制实施性成本计划的主要依据，同时也是施工企业为了加强企业内部经济核算，在施工图预算的控制下，依据企业的内部施工定额，以建筑安装单位工程为参考对象，依据施工图纸、施工定额，施工及验收规范、施工标准图集、施工组织设计或施工方案编制的单位工程施工所需要的人工、材料以及施工机械台班用量的技术经济文件。

一、建筑装饰施工预算的内容

施工预算的内容主要包括以下几项：

（1）具体分层、分部位、分项工程的工程量指标。

（2）具体分层、分部位、分项工程所需人工、材料以及机械台班消耗量指标。

（3）按人工工种、材料种类以及机械类型分别计算的消耗总量。

（4）按人工、材料和机械台班的消耗总量分别计算的人工费、材料费和机械台班费，以及按分项工程和单位工程计算的直接费。

二、预算与报价的区别

1．预算

预算是指预先计算，一般是在建筑装饰工程还没正式开始之前所做的价格计算，这种计算方法和所得数据主要根据以往的装饰经验来估测。

有的施工方经验丰富，预算价格与最终实际开销差不多，而有的施工方担心算得不准，最后怕亏本，于是将价格抬得很高，加入了一定的风险金，如受到地质沉降影响或气候变化，墙体涂刷乳胶漆后发生开裂，但这种风险又不一定会发生，因此，风险金就演变成了利润，预算就演变成了报价。

2．报价

绝大多数施工方提供给发包方的都是报价，报给发包方的价格往往要高于原始预算，这其中就隐含了利润，如果将利润全盘托出，又怕发包方接受不了，另找他人承包。因而，现在的价格计算只是习惯上称为预算而已，实际上就是报价。

三、工程施工图预算编制流程（图1-10）

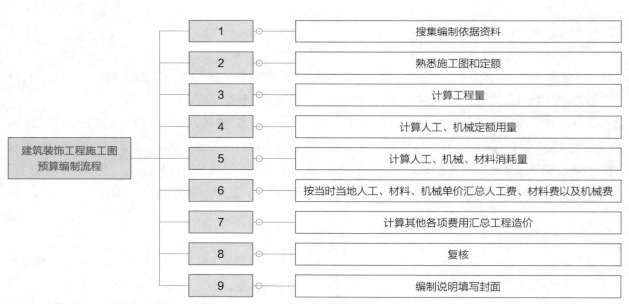

建筑装饰工程施工图预算编制流程

1	搜集编制依据资料
2	熟悉施工图和定额
3	计算工程量
4	计算人工、机械定额用量
5	计算人工、机械、材料消耗量
6	按当时当地人工、材料、机械单价汇总人工费、材料费以及机械费
7	计算其他各项费用汇总工程造价
8	复核
9	编制说明填写封面

图1-10　建筑装饰工程施工图预算编制流程

第四节　施工要求

施工要正常进行，施工要求是必不可少的，工程质量监理以及施工现场相关的规章制度都必须标明。

一、工程质量监理

装饰监理首先是流程监理，理清装饰的全套流程，重点监理环节在于图纸设计、材料进场与各项施工工艺。

1. 图纸设计

图纸设计的关键在于制图规范，装饰设计的核心主要在于发包方所提出的设计要求，经设计师设计成图纸，施工人员按图施工（图1-11）。

合理的建筑装饰工程应当具备合理数量的施工图纸，如果图纸过于简单，则说明设计师在一定程度上简化了设计工作，有偷工减料的可能，应该要求设计师进一步增加。

2. 材料进场

建筑装饰工程中的辅助材料多由施工方承包购买，在监理过程中要注意材料的质量，尤其要关注在工程中期临时购买的辅材，如增补的水泥、砂、胶水等胶凝材料，防止进购过期水泥、海砂与劣质胶水。此外，还要防止施工队对装饰材料偷梁换柱。

3. 施工工艺

建筑装饰工程的施工工艺特别复杂，但具有相同的规律性。如制作各种装饰构造都应具备骨

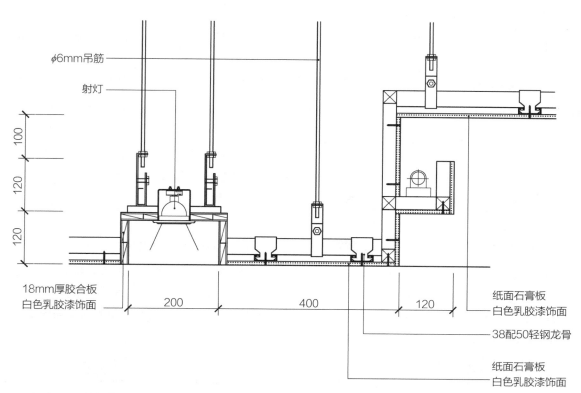

图1-11　设计图纸必须规范

图1-11：图纸中的内容可以随时变更，但图纸的规范程度必须达到标准要求，否则施工员无法正确领会设计意图，会导致施工与设计大相径庭，造成质量隐患或工程返工。

图1-12　地面工程验收

图1-12：快速观察地面铺装四周，能看出铺装是否平整，也可以参考周边构造来判断。

图1-13　木质构造验收

图1-13：木质构造验收时可从斜侧面观察木质构造边缘的平直度。

架层、基础层、装饰层，简单构造可以省去骨架层，但复杂构造可能还会进一步细化（图1-12、图1-13）。

二、施工要求

1. 确保建筑结构安全

（1）建筑装饰工程施工必须保证结构安全，不能损坏受力的梁柱、钢筋。

（2）不能在混凝土空心楼板上钻孔或安装预埋件。

（3）不能超负荷集中堆放材料与物品，不能擅自改动建筑主体结构的主要使用功能。

2. 不可损坏公共设施

（1）施工中不应对公共设施造成损坏或妨碍，不能擅自拆改现有水、电、气、通信等配套设施。

（2）不能影响管道设备的使用与维修，不能堵塞、破坏上下水管道与垃圾道等公共设施，不能损坏所在地的各种公共标示。

（3）施工堆料不能占用楼道内的公共空间或堵塞紧急出口，需避开公开通道、绿化地等市政公用设施。

（4）材料搬运中要避免损坏公共设施，造成

损坏时，要及时报告有关部门修复。

3. 多使用环保材料

（1）建筑装饰工程中所用材料的品种、规格、性能等应符合设计要求及国家现行有关标准的规定，并应按设计要求进行防火、防腐以及防蛀处理。

（2）施工方与发包方应对进场主要材料的品种、规格、性能进行验收，主要材料应有产品合格证书，有特殊要求的应用相应的性能检测报告与中文说明书。

（3）现场配制的材料应按设计要求或产品说明书制作，建筑内部空间装饰后所含的污染物，如甲醛、氡、氨、苯与总挥发有机物，应在国家相关标准规范内。

4. 注意施工安全文明

（1）保证现场的用电安全。由电工安装维护或拆除临时施工用电系统，在系统的开关箱中装设漏电保护器，进入开关箱的电源线不得用插销连接（图1-14）。

（2）用电线路应避开易燃、易爆物品堆放地，暂停施工时应切断电源，不能在未做防水的地面蓄水，临时用水管不能破损、滴漏，暂停施工时应切断水源。

图1-14　搭建临时电箱

图1-14：在建筑装饰工程施工期间，施工方应搭建临时电箱用于施工用电，不应与正式电箱混用。

图1-15　禁止垃圾混放

图1-15：建筑装饰施工所产生的施工垃圾不能与生活垃圾混放，应当堆放至相关管理部门指定的地点。

（3）严格控制粉尘、污染物、噪声、震动对相邻居民与周边环境的污染及危害，施工垃圾宜密封包装，并放在指定的垃圾堆放地，工程验收前应将施工现场清理干净（图1-15、图1-16）。

图1-16　施工垃圾密封包装

图1-16：建筑装饰工程施工后残留的垃圾应及时进行分类整理并进行密封包装。

第五节　材料设备进场

建筑装饰工程施工所需的材料与设备进入施工现场的环节比较重要，在正式开工前还需做一些准备工作。

一、检查建筑空间结构

建筑建造后多少都会存在一些质量问题，了解建筑的内部结构，包括管线的走向、承重墙的位置等，可以方便施工。

1. 门窗

（1）观察门的开启关闭是否顺畅，门插是否插入得当，门间隙是否合适，门四边是否紧贴门框，门开关时有无特别的声音，大门、房门的插销、门锁是否太长、太紧（图1-17）。

（2）观察窗边与混凝土墙体之间有无缝隙，窗框属易撞击处，框墙接缝处一定要密实，不能有缝隙（图1-18）。

（3）检查开关窗户是否太紧，开启关闭是否

图1-17　观察门窗外观

图1-17：仔细观察门窗，查看其外观是否平直，门窗边角有无渗水痕迹。

图1-18　检查门窗框架

图1-18：可以开关门窗检查框架是否严密，开关是否顺畅，是否存在阻力等。

图1-19　观察厨房结构与防水层

图1-19：仔细观察厨房烟道、门窗和开门的位置，并观察地面有无防水层。

图1-20　观察卫生间防水层与排水管

图1-20：观察卫生间的下沉深度与防水层高度，并确定排水管的位置与数量。

顺畅，窗户玻璃是否完好，窗台下面有无水渍，是否存在漏水现象。

2. 顶棚

（1）观察顶上是否有裂缝，一般来说，与横梁平行的裂缝，属建筑的质量通病，基本不妨碍使用。

（2）可以观察顶棚处裂缝与墙角是否呈45°斜角，或者与横梁呈垂直状态，如果出现此种现象，说明建筑基础沉降严重，该建筑有严重结构性的质量问题。

（3）观察顶棚有无水渍、裂痕，如有水渍，说明有渗漏之嫌，还需特别留意卫生间顶棚是否有油漆脱落或长霉菌，墙身顶棚有无部分隆起，用小锤子敲一下有无空声，墙身、顶棚楼板有无特别倾斜、弯曲、凸起或凹陷的地方，墙身、墙角有无水渍、裂痕等。

3. 厨房与卫生间

（1）观察厨房与卫生间的排水是否顺畅，可以现场做闭水试验，使用抹布将排水口堵住，往卫生间里放水，平层卫生间水位达到门槛台阶处即可（图1-19、图1-20）。

（2）下沉式卫生间水深应大于200mm，泡上三天再到楼下看看是否漏水，如果漏水就要在装饰中重点施工。

（3）查看厨房内是否有地漏，坡度是否正确，不可往门口处倾斜，不然水会逆流。

（4）观察阳台的排水口是否通畅，排水口内是否留有较多的建筑垃圾。

二、材料运输与存储

1. 材料运输

装饰材料的形态各异，轻重不一，在搬运前要稍加思考，根据搬运距离、材料体积、自身能力来分批次、分类别搬运（图1-21～图1-25）。普通成年人最大行走负重为15～20kg，超过25kg就会感到疲劳，甚至造成损伤。

2. 材料存储

（1）板材存储。

①装饰材料进入施工现场后要整齐码放，同时要考虑建筑地面的承重结构。大件板材一般放在建

图1-21 背运

图1-21：背运材料时要注意背起重物的重心应垂直落在腰椎上，并与双腿保持同一垂线。

图1-22 提运

图1-22：提运材料时应注意提起重物应尽量保持双手均衡，避免单手提重物，防止肌肉拉伤。

图1-23 双人搬运

图1-23：双人搬运要步伐一致，行进速度一致，搬运重物的高度也应保持一致。

图1-24 抱运

图1-24：抱运材料时要注意双手抱握重物虽然最方便，但是承载有限，长时间搬运会造成肌肉疲劳。

图1-25 工具搬运

图1-25：对于比较重的大型材料可以利用拖车搬运，这样既省时也省力。

筑内部空间中，并靠墙放置，以承重墙和柱体为主（图1-26、图1-27）。

②成品板材的存放时间如果超过5天，就应该平整放置。需先清扫地面渣土，使用木龙骨架空，从下向上依次放置普通木芯板、胶合板、薄木饰面板、指接板和高档木芯板，将易弯曲的单薄板材夹在中央，最后覆盖防雨布或塑料膜。

（2）瓷砖存储。

①墙地砖自重最大，待水电隐蔽工程完工后再搬运进场，一般分开码放在墙角处。

②存储墙地砖时应尽量竖向放置，不要用湿抹布擦除表面灰尘，注意存放场地保持干燥（图1-28、图1-29）。

（3）水电材料和五金件存储。

①水电材料、五金件必须放置在包装袋内，防止缺失，水电管线材料不要打开包装，如需打开验收也要尽快封闭还原，防止电线绝缘层老化或腐蚀（图1-30）。

②灯具、洁具等成品件一定要最后搬运进场，存放在已经初步完成的储藏柜内，防止破损，成品灯具、洁具打开包装箱查验后应还原，特别要保留外部包装（图1-31）。

（4）其他材料存储。

①油漆、涂料一般最后使用，放置在没有装饰构造的地方，不要将未开封的涂料桶当作梯、凳使用。

②水泥、砂、轻质砖等结构材料要注意防潮，

图1-26　板材放置

图1-26：大型板材入户前可以裁切成型，方便出入电梯，入户后靠承重墙竖向摆放，注意每面墙旁边集中放置板材最多不宜超过20张。

图1-27　木质材料放置

图1-27：木质装饰线条和木龙骨应当平放在地面的架空处，最好在其底部垫隔其他板材，避免直接与地面接触而受潮。

图1-28　小规格瓷砖放置

图1-28：瓷砖自重较大，小规格的瓷砖纵向堆放高度不应超过3箱，应靠近承重墙分散放置。

图1-29　大规格瓷砖放置

图1-29：大规格的抛光砖、玻化砖自重更大，更应该靠承重墙角或立柱分散放置。

放在没有阳光直射的地方，存放超过3天时最好覆盖防雨布或塑料膜，其中水泥决不能露天放置（图1-32、图1-33）。

③水泥、砂以及轻质砖等放置在建筑内部空间中时不能在同一部位堆积太多，以免压坏楼板。

④玻璃、石材要竖向放置在安全的墙角，下部加垫泡沫，玻璃上要粘贴或涂刷醒目标识，防止意外破损。

图1-30 水电材料放置

图1-30：水电管线应放置在无开设线槽的位置，并平直展开放置。

图1-31 洁具放置

图1-31：预先购买的卫生洁具应放置在外挑窗台或施工项目较少的阳台上，以免碎裂。

图1-32 袋装材料放置

图1-32：袋装水泥与河砂应靠承重墙放置，在同一部位的堆放数量不应超过30袋。

图1-33 散装材料放置

图1-33：散装河砂应靠承重墙放置，尽量向高处堆积，在同一部位的堆放数量不应超过500kg。

R 补充要点

材料存储注意事项

　　材料存储的基本原则是保护材料的使用性能，顾及建筑的承载负荷，施工材料分布既分散又集中，保证施工员随用随取，提高效率。在装饰材料进场后至正式使用期间一定要注意保养维护。存放装饰材料的空间要注意适当通风，地面可以撒放石灰、花椒来防潮防虫，还需充分考虑到楼板的承载能力，不能将所有材料都集中堆放在某一个区域或某一个部位，既要方便取用，又不能干扰施工。

本章小结

建筑装饰工程施工复杂，涉及内容较多，施工相关的资料及相关的材料均应准备到位，且在正式施工之前，一定要仔细检查施工图纸，查看其各部位设计细节是否有差错，一旦发现错误之处，应立即修正，以免影响后期的施工进程。

课后练习

1. 简述建筑装饰工程施工之前需要做的准备工作。
2. 阐明水电路施工需要注意哪些事项。
3. 阐明地面工程施工所包含的内容以及相关的注意事项。
4. 分点讲述建筑构造施工、油漆涂料施工、设备安装施工以及后期维修保养的相关注意事项。
5. 施工管理方式有哪些？
6. 建筑装饰工程施工图预算编制流程是怎样的？
7. 建筑装饰工程具体有何施工要求？
8. 材料和设备进场时应注意哪些问题？
9. 材料和设备应如何存储？

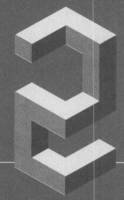

第二章
建筑装饰工程基础施工

教学视频
（扫码下载）

PPT 课件
（扫码下载）

≫ 学习难度：★ ★ ★ ☆ ☆

≫ 重点概念：施工放线、基础砌筑、钢筋混凝土、建筑内部基础施工

≫ 章节导读：基础施工是建筑装饰施工员素质的检验，是建筑装饰企业水平能力的象征，是项目经理把控全场经验的反映。施工方对基础施工的态度直接影响后续施工质量，发包方在施工中应起到监督作用，尽可能提出自己的疑问，将各种问题解决在初始阶段，让基础施工真正起到基础作用。

第一节　施工放线

施工放线是在确认施工图纸无误之后，通过对建筑装饰工程实行定位放样的一个事先检查，同时也是为了确保建筑装饰工程可以按照设计规划安全且顺利的实施开来。

一、定位

在正式开始施工放线之前，相关人员要依据设计图纸和施工现场周边环境进行工程定位，参与定位测量的人员主要包括城市规划部门下属的测量队以及施工单位专业的测量人员，一般使用"GPS"或"全站仪"进行具体的定位工作（图2-1、图2-2）。

二、放线

施工放线的目的是核实建筑图纸中的各尺寸是否正确、合理，并检查施工现场是否有其他障碍物，建筑工程的实施是否会影响周边环境，对周边建筑是否有损害等。在进行施工放线时要及时将所获取的实地信息记录到设计总平面上，以便能更好地深化图纸。

三、土方开挖阶段

基础定位放线完成后，可由施工现场的测量员及施工员依据定位的轴线放出基础的边线，并进行基础开挖工作。一般土方开挖阶段放线可分为龙门板定位尺量放线和仪器测量放线。

图2-1　全站仪

图2-1：全站仪是一种集光、机、电为一体的高技术测量仪器，广泛用于地上大型建筑和地下隧道施工等精密工程测量或变形监测领域。

图2-2　定位标记

图2-2：经过对比施工图纸，确定定位准确后可使用白色粉末将定位的重点区域标记起来，需要在施工现场形成至少4个定位桩。

第二节　钢筋混凝土工程

钢筋混凝土工程主要是使用配有钢筋增强的混凝土进行的现场浇筑工程，钢筋承受拉力，混凝土承受压力（图2-3）。钢筋混凝土工程的施工工序主要分为施工准备→材料采运→加工→模板、钢筋制作与安装→砼搅拌和运输→浇筑振实→养护→拆模→养护→检查验收。

图2-3　现浇钢筋混凝土

图2-3：现浇钢筋混凝土工程主要由模板工程、钢筋工程及混凝土工程等分项工程构成，一般按照设计要求对各种类型的钢筋混凝土结构进行现场浇筑。

图2-4　建筑模板

图2-4：该建筑模板主要采用定型钢制作，其余混凝土施工应依据设计图纸中砼构件的尺寸确定合适模板的材料、尺寸及形状，拼制模板时，需注意板边要平直，接缝严密，不得漏浆。

图2-5　拼装式全钢大模板

图2-5：拼装式全钢大模板适用于多层和高层建筑以及一般构筑物的竖向结构现浇混凝土工程。

一、模板工程

建筑装饰工程的模板工程多采用木质材料或定型钢来制作模板，主要通过现场组装和绘制模板放线图等来获取需要的模板形状和尺寸（图2-4、图2-5）。

1. 模板的技术要求

（1）模板要求具备比较高的强度和刚度，同时还要确保施工后的稳定性。模板的构造简单，装、拆均十分方便，制作模板时要保证其结构和构件的形状、尺寸、相互位置的正确性，施工时不得出现漏浆或填浆不平等情况。

（2）模板制作要依据混凝土构件的施工详图进行施工测量放样，在安装过程中，也应当保持足够的临时固定措施，模板之间的接缝应当平整严密，谨防模板倾覆。

（3）模板支撑一般由侧板、立挡、横挡、斜撑和水平撑组成，支撑必须具备良好的牢固性，且在混凝土振捣过程中不会产生位移和变形。

（4）模板安装完成后还应做相应的养护工作，要在模板与砼的接触面涂上防锈保护涂料和脱模涂料。

2. 模板的质量要求

选用木质材料制作模板时，其材质应该符合相应的国家和行业规定，木材的质量必须达到 III 等以上的材质标准，腐朽、严重扭曲或脆性的木材严禁使用。

选用钢质材料制作模板时，其材料的厚度不应小于3mm，钢板的基面应该光滑，且没有凹坑、褶皱和其他表面缺陷。

3. 模板拆除顺序

模板拆除顺序可遵循这几个原则：先支后拆，后支先拆；非承重先拆，承重后拆；侧模先拆，底模后拆。

二、钢筋工程

钢筋工程主要包括钢筋的采购、运输、验收、保管、加工、制作以及安装等内容。

1. 施工要求

（1）施工所选用的钢筋数量应符合施工详图以及其他相关的文件，钢筋的外观也要符合相关技术规范的要求，工程监理要检查钢筋的出厂证明以及相关的试验报告单（图2-6）。

（2）施工所选用的钢筋种类、钢号、直径以及其他性能指标等均应符合施工详图以及有关设计文件的规定。

（3）施工之前应将钢筋按照不同等级、牌号、规格以及生产厂家等进行分批验收，分别堆存，最好立牌标明（图2-7）。

图2-6　检验钢筋质量

图2-6：在使用钢筋之前应进行取样试验，如拉伸试验、弯曲试验，凡试验不合格的，一律不允许使用。

图2-7　钢筋存储

图2-7：钢筋在存储、运输过程中应避免锈蚀和污染，建议堆置在仓库内，如若露天堆置，则建议垫高并加遮盖。

R 补充要点

砼面修整

修补砼面之前应使用钢丝刷或加压水枪冲刷并清除砼面缺陷部分，砼面薄弱区域也应凿除，修补时应采用比原砼强度等级高一级的砂浆、砼或其他填料修补缺陷部位，并抹平。修整部位应加强养护，施工过程中应当确保修补材料牢固黏结，色泽一致，无明显痕迹。

此外，砼浇筑块成型后的偏差也不得超过模板安装允许偏差的30%~50%，特殊部位如溢流面、门槽等的浇筑应符合施工图纸的规定。

2. 施工注意事项

（1）施工所选用的钢筋表面应洁净无损伤，表面带有颗粒状或片状老锈的钢筋严禁使用。

（2）施工应选用表面平直，无局部弯折的钢筋，钢筋加工的尺寸应符合施工图纸的要求，加工后钢筋的允许偏差值不得超过如表2-1所示的标准。

表2-1　　加工后的钢筋尺寸偏差

箍筋直径 /mm	受力钢筋直径 /mm	
	< 28	28 ~ 40
5 ~ 10	75	90
12	90	105

三、混凝土工程

混凝土工程主要包括基础面混凝土浇筑和混凝土分层浇筑作业。

1. 基础面混凝土浇筑

基础面混凝土浇筑之前要将基础岩面清洗干净，并做好相应的湿润处理，这是为了保证浇筑基层的黏结性。此外，在基础岩面浇筑第一层混凝土时需在其表面先铺设一层20~30mm厚的水泥砂浆，砂浆水灰比也应与混凝土浇筑的强度相适应。

2. 混凝土分层浇筑作业

当建筑进行分层浇筑作业时应注意使混凝土均匀上升，在斜面上浇筑混凝土时要从最低处开始，直到保持至基层的水平面。此外，在浇筑建筑分层的上层混凝土前，应及时对下层混凝土的施工缝面进行冲毛或凿毛处理。

当混凝土卸入仓面后，为了保证施工的平整度，应当采取人工平整的方式，以确保混凝土摊铺平整后的底料更均匀且满足施工的厚度要求。混凝土施工还会采用插入式振捣器进行振捣底料，振捣时不得触动钢筋及预埋件。振捣过程中，应严格控制振捣时间，且每次移动位置的距离不大于振动棒作用半径的1.5倍。

第三节　基础砌筑工程

砌筑工程又叫砌体工程，主要是通过使用普通黏土砖、承重黏土空心砖、蒸压灰砂砖、粉煤灰砖以及各种中小型砌块和石材等材料进行建筑装饰工程的砌筑工作。

一、施工工序

基础砌筑工程的施工工序如下：基层清理→施工放线→绘制砌块排列图→立皮数杆→预埋拉结筋→墙底坎台施工→选砌块→按砌体类型浇水湿润→满铺砂浆或黏结剂→摆砌块→圈梁或配筋带施工→安装门窗边预制砼块→摆砌块→安装门窗过梁→浇灌构造柱→技术间歇不少于7天→砌筑顶部配套砌块或灌细石混凝土→挂加强网。

二、施工工艺要求

1. 砌筑前

（1）正式开始砌筑之前，应仔细检查建筑的基础层、防潮层或楼板等基层，砌筑的基层也应保持一定的平整度，表面不得有污染或杂物。

（2）砌筑墙体之前还需检查建筑主体结构上预留的拉结钢筋的数量、长度和位置是否正确，预留各类管线位置、给水管出口和开关插座的定位是否符合设计图纸和设计要求，不符合要求的应及时调整和补充。

（3）砌体工程施工前应按照已经审核且确认无误的砌块排列图来确定墙体及其门洞、窗洞的尺寸以及砌块规格与砌块上下皮竖向灰缝错缝搭砌的长度（图2-8）。

2. 砌筑时

（1）非承重部分应分批次进行砌筑工作，注意每次砌体高度应在1500mm以下，一般要间隔7天方可进行顶砖施工，顶砖施工完毕后间隔14天方可进行墙面抹灰工程（图2-9）。此外，在砌筑工程施工时，应采取相应的措施防止施工用水、雨水对墙体造成的冲刷和淋泡。

（2）砌筑时还需进行相应的湿润工作，可以在砌筑面洒适量水以清除浮灰，一般表面湿水深度建议为5~10mm，这样能更好地保证砌筑砂浆的强度以及整体砌体的完整性。

（3）砖体表面有破裂或者不规整的应提前将其切割成同等大小的规格，留以备用。此外，施工图纸中所要求的洞口、管道、沟槽以及预埋件等，应在砌筑时预留或预埋，管线埋设则应在抹灰前完成；直径大于100mm的砌体孔洞应预留或预埋，且孔洞周边还应具备可靠的防裂、防渗措施（图2-10）。

（a）小砖砌筑　　　　　　　　（b）砌块+腰线砌筑　　　　　　　　（c）砌块砌筑

图2-8　配筋砌块砌体工程

图2-8（a）：砌体工程施工时砌块应排列整齐，砌块排列还应上下错缝，预留门窗洞，门窗过梁上的砖块倾斜砌筑。

图2-8（b）：一般应以规格较大的砌块为主砌块，辅助砌块的最小长度应大于100mm，较短的墙体，高度中央应增加小块砖砌筑，强化墙体的拉接力。

图2-8（c）：从地面起砌筑3层小砖，形成坚固的地圈梁构造，能强化墙体的承重，砌块的搭接长度应大于被搭接砌块长度的1/3。

图2-9　现场拌制砂

图2-9：现场拌制砂浆时应采用专用机械搅拌，在出现泌水现象时应重新拌和，且搅拌后的砂浆应在规定的保塑时间内使用完毕，注意不可与其他品种的砂浆混存混用。

图2-10　不同情况选择不同规格砌块

图2-10：砌体转角处和丁字交接处、预埋暗管、暗线处、开关插座、给水管出水口与墙顶砌块砌筑处，一般应采用配套的砌块，而当设计图纸中出现窗间墙宽度小于600mm时，应采用小砖砌筑。

3. 砌筑后

（1）砌筑工程施工结束后，应及时交由专人检查并验收，建议在已验收的墙面上标明操作人员和检查人员的姓名或工号。

（2）施工单位验收应分两次自检：第一次为顶砌砖以下墙体砌筑完成2个小时以内，一旦发现顶砌砖的垂直度和平整度超过规范要求的应立即拆除；第二次为顶砌砖工程完成后，这次自检主要是确保顶砌砖和大面墙的平整度。

（3）砌筑墙体的灰缝应控制在8～15mm，应注意饱浆黏结度，一般水平灰缝的饱浆率应不小于90%，竖向灰缝的饱浆率则应不小于80%。

第四节　建筑内部空间基础施工

建筑内部空间的基础施工主要包括基层清理和建筑基础结构处理。

一、基层清理

在进行基层清理之前，首先要做的就是工程验收，在验收时可以查验出建筑内部空间存在的问题，并及时解决，这样能为后期施工提供许多便利。

1. 工程验收

（1）验采光覆盖率。一般可以通过目测或朝向来判断采光覆盖，为了正确判断采光率，建议在不同的时间段内查验建筑内部空间的采光状况，为后期的设计打好基础 [图2-11（a）、图2-11（b）]。

（2）验层高宽敞度。现在的楼层一般都是3000mm以下的层高，在验房时可将卷尺顺着其中的两堵墙的阴角测量，这样方便放置长尺且尺不会变弯。

（3）验地平差距值。验地平差距就是测量一下离门口最远的地面与门口内地面的水平误差。一般来说，如果差异低于30mm则属于正常范畴，超出这个范围的话，就要谨慎选择了 [图2-11（c）、图2-11（d）]。

（4）验墙壁质量。可在下过大雨的隔天查看墙壁是否有裂隙和渗水，如果出现渗水情况，必须及时交由物业管理中心处理 [图2-12（e）]。

（5）验防水系统。验收防水时可以拿一胶袋捆住排污或排水口，再扎牢，然后在卫生间放水，水位达到20mm就够了，一般主要的漏水位置是楼板直接渗漏或管道与地板的接触处渗漏。

（6）验管道疏通。在工程施工时，有一些工人在清洁时往往会偷工，将一些水泥渣倒进排水管流走，或者水泥掉入水管没有及时捞起来，这些水泥一旦干涸就会粘在管道上，导致弯头处堵塞，造成排水困难。除了检查排水管道是否通畅外，还需查看排污管是否有蓄水防臭弯头，如果排污管没有蓄水防臭弯头，那么整体建筑的质量堪忧 [图2-11（f）、图2-11（g）]。

（7）验门窗牢固性。验收门窗的关键是验收窗户和阳台门的密封性，窗户的密封性验收最麻烦的一点是，只有在大雨天方能试出好坏，但一般可以通过查看密封胶条是否完整牢固来证实 [图2-11（h）]。

2. 界面找平

界面找平是指将准备装饰的各界面表面清理平整，填补凹坑，铲除凸出的水泥疙瘩，经过仔细测量后，校正空间界面的平直度。

（1）施工方法。

①界面找平之前要目测检查装饰界面的平整度，并用粉笔在凸凹界面上做标记。

（a）查看阳台采光
（b）查看内部采光

（c）测量层高
（d）测量地平差距

（e）检查墙壁
（f）检查管道疏通

（g）蓄水防臭弯头
（h）检查门窗质量

图2-11　工程验收

图2-11（e）：大雨之后，水汽容易渗出墙体，一旦墙体结构不稳或存在裂缝，则其表面会渗出水渍，必须立即处理，否则后期施工会十分麻烦。

图2-11（f）：验收管道时，可将水进排水口，检查水是否能顺利流走。

图2-11（g）：蓄水防臭弯头能将来自下层管道的气味阻挡在所蓄水之下，避免异味排出。

图2-11（h）：验收阳台门时一般要看其内外的水平差度及五金件的安装牢固情况。

②采用凿子与铁锤敲击凸出的水泥疙瘩与混凝土疙瘩，使之平整。

③配置1：3水泥砂浆，将其调和成较黏稠的状态，填补至凹陷部位。

④对填补水泥砂浆的部位抹光找平，湿水养护。

（2）施工要点。

①在白色涂料界面上应用红色或蓝色粉笔标识，在素面水泥界面上应用白色封边标识，界面找平后应及时将粉笔记号擦除，以免干扰后续水电施工标识［图2-12（a）］。

②用凿子与铁锤拆除水泥疙瘩及混凝土疙瘩时，应控制好力度，不能破坏楼板、立柱结构，但要注意厨房、卫生间、阳台等部位不应如此操作，以免破坏防水层［图2-12（b）］。

③外露的钢筋应仔细判断其功能，不宜随意切割，不少钢筋末端转角或凸出均具有承载拉力的作用，可以采用1：3水泥砂浆掩盖［图2-12（c）］。

④填补1：3水泥砂浆后应至少养护7天，在此期间可进行其他施工项目，但不能破坏水泥砂浆表面。

⑤除卫生间、厨房外，如果原有墙体界面已经涂刷了涂料，可以不必铲除，可以在原有涂料表面扫除灰尘，继续做墙面施工［图2-12（d）］。

⑥如果原有墙体界面是水泥砂浆找平层，就需要采用石膏粉加水调配成石膏灰浆将表面凹陷部位抹平，再采用成品腻子满刮墙体界面1～2遍。

⑦如果墙、顶面有水渍，则需要进一步探查渗水源头，一般会位于门窗边角或户外空调台板内角，需要联系物业管理部门进行统一维修［图2-12（e）］。

3.　标高线定位

标高线是指在墙面上绘制的水平墨线条，应在墙面找平后进行，标高线距离地面一般为90mm、1200mm或1500mm，这3个高度任选其一绘制即可，定位标高线的作用是方便施工员找准水平高度，方便墙面开设线槽、制作家具构造等，能随时获得准确位置［图2-13（a）］。

（1）施工方法。

①可以采用红外或激光水平仪来定位标高线，将激光水平仪放置于房间正中心，将高度升至90mm、1200mm和1500mm，打开电源开关，

（a）拆除墙面标记

（b）铲除水泥疙瘩

（c）填补水泥砂浆

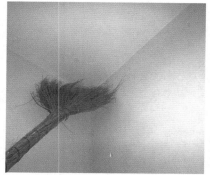

（d）顶界面清洁

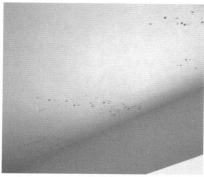

（e）顶界面水渍

图2-12 界面找平施工要点

图2-12（a）：用粉笔标识修整部位，修整时应及时擦除标识记号，以免干扰后续施工。

图2-12（b）：铲除水泥疙瘩后，应向墙体中继续敲击，形成内凹构造以致其能附着填补材料。

图2-12（c）：水泥砂浆填补界面后应保持平整，可以略微凹陷，但不宜外凸。

图2-12（d）：用扫帚清扫顶界面灰尘，同时可以检查顶角的平整度。

图2-12（e）：墙顶面一旦发现有水渍，一定要查清原因，并及时修补防水层。

周边墙面即会出现红色光影线条 [图2-13（b）]。

②用卷尺在墙面上核实红色光影线条的位置是否准确，再次校正水平仪高度 [图2-13（c）]。

③沿着红色光影线条，采用油墨线盒在墙面上弹出黑色油墨线，待干 [图2-13（d）、图2-13（e）]。

（2）施工要点。

①施工时应针对地面铺装材料，预留出地面铺装厚度，如地面准备铺装复合木地板，应在实测高度基础上增加15mm，如铺设地砖，应增加40mm，如铺装实木地板，应增加60mm。

②如果没有水平仪等仪器，可以分别在内部空间4面墙的1/5与4/5处，从下向上测量出相应高度，并做好标记，再用油墨线盒将各标记点连接起来 [图2-13（f）]。

③对于构造复杂的内部空间，应在50mm与2000mm处分别弹出定位标高线，以方便进一步校正位置。

④定位标高线是为了提高后续施工的效率，不必为局部尺寸定位而反复测量。此外，将施工现场清理干净才能检查出问题所在，如平整度、防水层状况等，因此，准备工作一定要做到位。

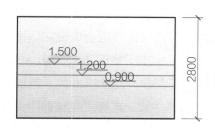

（a）标高线示意图

（b）激光水平仪

（c）合适的水平仪高度

 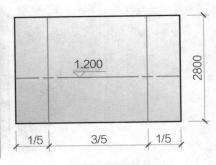

（d）激光放线定位　　　　　　（e）手工放线定位　　　　　（f）手工放线示意图

图2-13　标高线定位

图2-13（a）：定位标高线时需借助其他工具来保证绘制线条的水平度。

图2-13（b）：激光水平仪能快速定位墙顶面水平、垂直标识线，使用十分快捷方便。

图2-13（c）：使用激光水平仪时应辅助卷尺校正标高线，保证水平线位于整数位置。

图2-13（d）：将弹线墨盒放置于红色光影线条同一水平高度处，固定一点后弹线。

图2-13（e）：手工弹线应提前找好水平高度线，另一端用钢钉临时固定，墨线注意适量绷直。

图2-13（f）：依据示意图和现场实际尺寸可以轻松得出标高线的位置。

二、基础结构处理

1. 建筑内部空间加层

一般而言，凡是单层净空间高度大于3600mm，且周边墙体为牢固的承重墙，均可在空间内部制作楼板，即采用各种结构材料在底层或顶层空间制作楼板，将1层空间当作2层来使用，从而达到增加建筑使用空间的目的，这种加层方法又称架设阁楼。

建筑内部空间加层适用于内部空间较高的建筑，同时也比较适合将底层空间改造成店铺，或需要在空间内部增设储藏间的用户。

（1）定义。型钢加层法是指采用各种规格的型钢焊接成楼板骨架，安装在建筑内部空间悬空处，上表面铺设木板作为承载面，并制作配套楼梯连接上、下层交通 [图2-14（a）]。

（2）施工方法。

①察看空间内部结构，根据加层需要作相应改造，并在加层空间内做好标记。

②购置并裁切各种规格型钢，经过焊接、钻孔等加工，采用膨胀螺栓固定在空间内部墙、地面上 [图2-14（b）、图2-14（c）]。

③在型钢楼板骨架上焊接覆面承载型钢，并在上表面铺设实木板。

④全面检查各焊接、螺栓固定点，涂刷2~3遍防锈漆，待干后即可继续后期装饰。

（3）施工要点。

①型钢自重较大，用量较多，因此，在改造前一定要仔细察看原建筑空间构造，需要加层的墙体应为实心砖或砌块制作的承重墙，墙的厚度应大于250mm，对于厚度小于250mm的墙体或空心砖砌筑的墙体应作加固处理。

②如果在2层以上的空间内作加层改造，则要察看底层空间构造，墙体结构应无损坏、缺失，此外，建筑空间的基础质量也是察看重点，如果基础质量一般或受地质沉降影响，应避免在2层以上空间内作加层改造。

③在开间宽度大于2400mm，且小于3600mm的空间内，可采用相同构造架设加层楼板钢结构，应选用180#~220#槽钢作为主梁。

④在开间宽度大于3600mm的空间内，就应选用220#以上的槽钢作主梁，或在主梁槽钢中央增设支撑立柱，立柱型钢可用120#~150#方管钢，底部焊接200mm×200mm×10mm（长×

宽×厚）的钢板作垫层，垫层钢板可埋至地面抹灰层内，用膨胀螺栓固定至楼地面中，但是这种构造只适用现浇混凝土楼板或底层地面。

⑤2层以上空间可在主梁两端加焊三角形支撑构造，以强化主梁型钢的水平度。如果空间内的墙体为非承重墙且比较单薄，则主梁末端应焊接在同规格竖向型钢上，竖向型钢应紧贴墙体，代替墙体承载加层构造的重量［图2-14（d）］。

⑥型钢构架完成后，即可在网格型楼板钢架上铺设实心木板，一般应选用厚度大于30mm的樟子松木板，坚固耐用且防腐性能好［图2-14（e）］。

⑦所架设的木板可搁置在角钢上，并用螺栓固定，木板应纵、横向铺设2层，表面涂刷2遍防火涂料，木板之间的缝隙应小于3mm。

⑧型钢选用规格与配置方法要根据加层空间面积来确定，在开间宽度小于2400mm的空间内，如果开间两侧墙体均为厚度大于250mm的承重墙，可直接在两侧砖墙上开孔，插入150#～180#槽钢作为主梁，间距600～900mm，槽钢两端搁置在砖墙上的宽度应大于100mm，相邻槽钢之间可采用∠60mm角钢作焊接，间距300～400mm，形成网格型楼板钢架，及时涂刷防锈漆［图2-14（f）］。

2. 墙体加固

不同的地质环境会对墙体造成不同程度的损坏。墙体加固的方法很多，下面介绍一种整体加固法：

（1）定义和应用。整体加固法是指凿除原墙体表面抹灰层后，在墙体两侧设钢筋网片，采用水

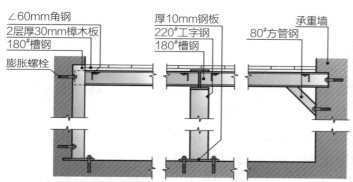

（a）型钢加层示意图

（b）型钢切割

（c）型钢焊接

（d）构造组装焊接

图2-14（a）：型钢加层适用于内空不高，面积较小的空间内，一般用于单间房加层，将增加的楼层当作临时卧室、储藏间等辅助空间来使用。

图2-14（b）：型钢使用氧气切割更快捷、方便，相对机械切割也更安全，只是成本较高。

图2-14（c）：型钢焊接时对于电焊工艺的技术要求较高，特别是要防止虚焊，焊接部位要打磨平整。

图2-14（d）：钢机构上墙安装时应采用膨胀螺栓固定至墙面，辅助构造继续焊接固定。

图2-14（e）：钢结构楼板上应铺装硬度较高，且有一定弹性的实木板，不能铺装木芯板。

图2-14（f）：经过打磨的焊接点应尽快涂刷防锈漆，待干后再对整个钢结构涂刷防锈漆。

（e）铺装木板

（f）涂刷防锈漆

图2-14　建筑内部空间加层施工

泥砂浆或混凝土进行喷射加固，适用于大多数商品房，这种方法简单有效，经过整体加固后的墙体又称为夹板墙［图2-15（a）］。

（2）施工方法。

①察看墙体损坏情况，确定加固位置，并对原墙体抹灰层进行凿除。

②在原墙体上放线定位，并依次钻孔，插入拉结钢筋。

③在墙体两侧绑扎钢筋网架，并与拉结钢筋焊接。

④采用水泥砂浆或细石混凝土对墙体作分层喷射，待干后湿水养护7天。

（3）施工要点。

①整体加固的适用性较广，能大幅度提高砖墙的承载力度，但是不宜用于空心砖墙。

②由于加固后会增加砖墙重量，因此，整体加固法不能独立用于2层以上砖墙，须先在底层加固后，再进行上层施工。

③穿插在墙体中的钢筋为 6~8mm，在墙面上的分布间距应小于500mm，穿墙钢筋出头后应作90° 弯折后再绑扎钢筋网架［图2-15（b）］。

④穿墙孔应用电锤作机械钻孔，不能用钉凿敲击，绑扎在墙体两侧的钢筋网架网格尺寸为500mm×500mm左右，仍采用6~8mm钢筋，对于损坏较大的砖墙可适当缩小网格尺寸，但网格

边长应不小于300mm。

⑤砖墙两侧钢筋网架与墙体之间的间距为15mm左右。

⑥采用1∶2.5水泥砂浆喷涂时，厚度为25~30mm，分3~4遍喷涂。

⑦采用C20细石混凝土喷涂时，厚度为30~35mm，分2~3遍喷涂，相邻两遍之间要待初凝后才能继续施工［图2-15（c）］。

⑧喷浆加固完毕后，应根据实际情况有选择地作进一步强化施工，可在喷浆后的墙面上挂接φ2@25mm钢丝网架或防裂纤维网，再作找平抹灰处理［图2-15（d）］。

⑨由于喷浆施工就相当于底层抹灰，因此，一般只需采用1∶2水泥砂浆做1遍厚5~8mm面层抹灰即可，最后找平边角部位，作必要的找光处理［图2-15（e）］。

3. 修补裂缝

相对于需要加固墙体而言，裂缝一般只影响美观，当裂缝宽度小于2mm时，砖墙的承载力只降低10%左右，对实际使用并无大的影响［图2-16（a）、图2-16（b）］。

（1）修补方法。可采用抹浆法进行裂缝的修补，抹浆法是指采用钢丝网挂接在墙体两侧，再抹上水泥砂浆的修补方法，这是一种简化的钢筋混凝

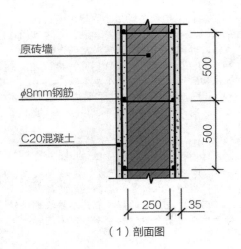

（1）剖面图

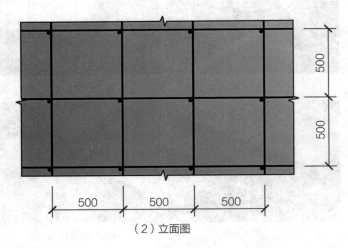

（2）立面图

（a）整体加固法示意图

（b）钢筋网架

（c）喷浆

（d）抹灰

（e）边角找平

图2-15 墙体加固施工

图2-15（b）：钢筋网架应采用钢筋穿插的方式固定在墙面上，网架安装后应保持垂直。

图2-15（c）：喷浆应保持均匀，可分多层多次喷浆，避免一次喷涂过厚。

图2-15（d）：对隔音、保温有要求的墙体可以挂贴聚乙烯板，再挂钢丝网后抹灰找平。

图2-15（e）：边角抹灰应保持平整，可反复修整到位，必要时可采用模板校正。

土加固方法［图2-16（c）］。

（2）施工方法。

①察看墙体裂缝数量与宽度，确定改造施工方案，并铲除原砖墙表面的涂料、壁纸等装饰层，露出抹灰层。

②将原抹灰层凿毛，并清理干净，放线定位［图2-16（d）］。

③编制钢丝网架，使用水泥钉固定到墙面上，并对墙面进行湿水［图2-16（e）］。

④采用水泥砂浆进行抹浆，待干后养护7天。

（3）施工要点。

①铲除原砖墙表面装饰材料要彻底，不能有任何杂质存留，原墙面应完全露出抹灰层，并凿毛处理，但不能损坏砖体结构，清除后须扫净浮灰。

②相对砖墙加固而言，砖墙的裂缝修补则应选用小规格钢筋，采用$\phi 4 \sim \phi 6$mm钢筋编制网架，网格边长为200~300mm，或购置类似规格的成品钢筋网架，采用水泥钢钉固定在砖墙上。

③砖墙表面须在上下、左右间隔约600mm，采用电锤钻孔，将$\phi 4 \sim \phi 6$mm的钢筋穿过墙体，绑扎在墙两侧的网架上，进一步强化固定。

④钢筋网架安装后应与墙面保持间距约15mm。

⑤采用1：2水泥砂浆进行抹灰，水泥应采用42.5#硅酸盐水泥，掺入15%的801胶。

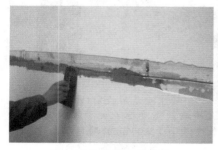
（a）利用砂浆填补裂缝

（b）防裂带脱落

（c）抹浆法施工

（d）裂缝基层清理　　　　（e）满挂钢丝网　　　　（f）局部修补　　　　（g）整体修补

图2-16　修补墙体裂缝

图2-16（a）：裂缝在1年内有变长、变宽的趋势，就需及时改造，可将开裂墙面铲除表层涂料，采用切割机扩大裂缝，再用水泥砂浆封闭找平。

图2-16（b）：只粘贴防裂带后刮腻子找平，容易造成防裂带开裂或脱落，此外，裂缝宽度小于2mm，且单面墙上裂缝数量约为3条，裂缝长度不超过墙面长或高的60%，且不再加宽、加长时就不必修补。

图2-16（c）：抹浆法施工方便，操作简单，成本较低，适用于裂缝狭窄且数量较多的砖墙。

图2-16（d）：在修补裂缝前要将其表面清理干净，再采用电锤安装锐角钻头，可轻松将墙面裂缝周边凿毛。

图2-16（e）：凿毛后的墙面应粘贴钢丝网，这样可有效防止墙体开裂，同时也可以提高水泥砂浆抹灰的附着力。

图2-16（f）：对于裂缝比较集中的局部墙面，可进行修补，但要注意在新旧抹灰之间应保持交错，并有所区分。

图2-16（g）：整体墙面修补与常规抹灰施工一致，只是要先拆除旧抹灰层，不能在旧抹灰层表面覆盖新抹灰层。

⑥抹灰分3遍进行，第1遍应基本抹平钢筋网架与墙面之间的空隙，第2遍应完全遮盖钢筋网架，第3遍可采用1：1水泥砂浆找平表面并找光[图2-16（f）、图2-16（g）]。

⑦全部抹灰厚度为30～40mm，待干后湿水养护7天，也可以使用喷浆法施工，只是面层仍须手工找光。

▣ 补充要点

墙砖裂缝预防

1. 温差裂缝。由温度变化引起的砖墙裂缝，主要是因为砌筑材料在日照等温度变化较大的条件下，因材料膨胀系数不同而产生的温度裂缝，对于这种情况要在墙体表面增加保护层，防止并减缓温度差异（图2-17）。

2. 材料裂缝。使用低劣的砌筑材料也会造成裂缝，尤其是新型轻质砌块，各地生产标准与设备不同，其裂缝主要由材料自身的干缩变形所引起，选购建房、改造砌筑材料时要特别注重材料的质量（图2-18）。

3. 施工不合格导致的裂缝。对于此种情况，应采用稳妥的施工工艺，施工效率较高的铺浆法易造成灰缝砂浆不饱满，易失水且黏结力差，因此应采用"三一"法砌筑，即一块砖，一铲灰，一揉挤（图2-19）。

图2-17　温差裂缝　　　　图2-18　材料裂缝　　　　图2-19　砖块砌筑

图2-17：靠近户外门窗的墙面，或常年受阳光直射的墙面，容易产生开裂。

图2-18：不同性质的墙面或墙体材料组合在一起时很容易直接开裂，应当严格控制施工工艺。

图2-19：砖块砌筑应提前1天湿润，每天的砌筑高度应不大于1400mm；在长度不小于3600mm的墙体单面设伸缩缝，并采用高弹防水材料嵌缝。

4. 墙体补筑

墙体补筑是在原有墙体构造的基础上重新砌筑新墙，新墙应与旧墙紧密结合，完工后不能存在开裂、变形等隐患［图2-20（a）］。

（1）施工方法。

①查看砌筑部位结构特征，清理砌筑界面与周边环境。

②放线定位，配置水泥砂浆，使用轻质砖或砌块逐层砌筑［图2-20（b）、图2-20（c）］。

③在转角部位预埋拉结筋，并根据需要砌筑砖柱或制作构造柱。

④对补砌成形的墙体进行抹灰，湿水养护7天。

（2）施工要点。

①在建筑底层砌筑主墙、外墙时应重新开挖基础，制作与原建筑基础相同的构造，并用$\phi10\sim\phi12$mm钢筋与原基础相插接。

②砌筑建筑内部空间辅墙时，如果厚度小于200mm，高度小于30mm，可以直接在地面开设深$50\sim100$mm左右的凹槽作为基础。

③补砌墙体的转角部位也应与新砌筑的墙体一致，在其间埋设$\phi6\sim\phi8$mm的拉结钢筋。

④厚度小于150mm的墙体可埋设2根为1组，厚度大于150mm且小于250mm的墙体埋可设3根为1组，在高度上间隔$600\sim800$mm埋设1组。

⑤墙体直线达到4000mm左右时，就应设砖柱或构造柱，封闭门、窗洞口时，封闭墙体的上沿应用标准砖倾斜45°嵌入砌筑。

⑥补砌墙体与旧墙交接部位应呈马牙槽状或锯齿状，平均交叉宽度应大于100mm，尽量选用与旧墙相同的砖进行砌筑，新旧墙之间结合部外表应用$\phi2@25$mm钢丝网挂贴，以防开裂。

⑦补砌墙体多采用1:3水泥砂浆，而抹灰一般分为两层，底层抹灰又称为找平抹灰，采用1:3或1:2.5水泥砂浆，抹厚约$8\sim10$mm，抹平后须用长度大于2m的钢抹较平，待干后再作面层抹灰，采用1:2水泥砂浆，抹厚为$5\sim8$mm，抹平后用钢铲找光。

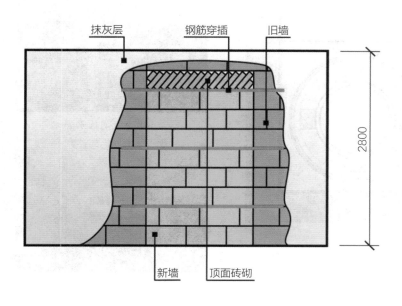

（a）墙体补筑示意图

（b）局部砌筑

（c）边角补砌

图2-20 墙体补筑

图2-20（a）：新墙砌筑时需要使用钢筋穿插其中，以此增加其凝结力，此外，新旧墙之间的连接也要格外注意。

图2-20（b）：封闭门窗洞口时应保持砌块错落有致，顶部应预留空间采用小块轻质砖填补。

图2-20（c）：局部补砌时应采用小块轻质砖，砖块布置方向应多样化。

5. 落水管包砌

厨房、卫生间里的落水管一般都要包砌起来,这样既美观又洁净,属于墙体砌筑施工中的重要环节[图2-21(a)]。落水管的传统包砌方法是使用砖块砌筑,砖砌的落水管隔音效果不好,从上到下的水流会产生很大的噪声。

(1)施工方法。

①查看落水管周边环境,在落水管周边的墙面上放线定位,限制包砌落水管的空间[图2-21(b)]。

②采用30mm×40mm的木龙骨绑定落水管,用细铁丝将木龙骨绑在落水管周围。

③在木龙骨周围覆盖隔音海绵,采用宽胶带将隔音海绵缠绕绑固,再使用防裂纤维网将隔音绵包裹,使用细铁丝绑扎固定。

④在表面上涂抹1:2水泥砂浆,采用金属模板找平校直,湿水养护7天以上才能继续施工。

(2)施工要点。

①φ110mm以下的落水管可绑扎3~4根木龙骨,φ110mm以上的落水管可绑扎5~6根木龙骨,绑扎木龙骨后,不会造成表面瓷砖开裂,质量比传统的砖砌包筑落水管要稳定。

②用于落水管隔音的材料很多,用厚度大于40mm的海绵即可,价格低廉,效果不错。

③将海绵紧密缠绕在厨房、卫生间的落水管上,再用宽胶带粘贴固定,缠绕时注意转角,不能有遗漏。

④防裂纤维网能有效阻止水泥砂浆对落水管的挤压,必须增添缠绕,不能省略。

⑤遇到检修阀门或可开启的管口,应当将其保留,在外部采用木芯板制作可开启的门扇,方便检修。

⑥砌筑落水管套要注意水泥砂浆涂抹须饱满严实,表面抹灰应平整,须用水平尺校对,保证后期瓷砖铺贴效果,顶部一般不作包砌[图2-21(c)]。

⑦阳台、露台等户外落水管包砌后要选配相配套的外饰面材料,以保持外观一致。

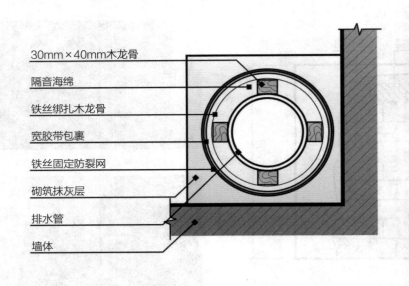

30mm×40mm木龙骨
隔音海绵
铁丝绑扎木龙骨
宽胶带包裹
铁丝固定防裂网
砌筑抹灰层
排水管
墙体

(a)落水管包砌示意图

(b)卫生间落水管

(c)包砌落水管

图2-21 落水管包砌施工

图2-21(a):落水管包砌图详细绘制了包砌的施工步骤,且落水管一般都是PVC管,具有一定的缩胀性,包落水管时要充分考虑这种缩胀性。

图2-21(b):查看落水管位置、数量与周边环境,确定包砌空间,同时修补顶面防水层。

图2-21(c):两根落水管之间应填塞砌块,防止外部水泥砂浆造成挤压,管道顶部位于吊顶层内,不宜包砌,预留后方便检修。

Ⓢ 本章小结

认真实施基础施工工作，既为了奠定良好的建筑基础，同时也能有效保证建筑的稳定性和长久性。基础工程的每一项分部工程都有着不同的施工要求和施工要点，设计人员要统筹全局并全面考虑，以应对在基础施工过程中可能遇到的所有问题。

Ⓟ 课后练习

1. 简述施工放线的具体内容。
2. 简述模板工程的技术要求和质量要求。
3. 阐述钢筋工程有何施工要求及注意事项。
4. 简述混凝土工程的具体内容。
5. 砌筑工程具体有哪些施工要求？
6. 建筑内部空间工程验收主要查验哪些方面？
7. 如何进行界面找平？主要有哪些施工要点？
8. 如何有效进行标高线定位？
9. 前往施工现场观摩建筑内部空间加层的过程，并撰写学习报告。
10. 前往施工现场观摩建筑空间墙体加固和裂缝修补的过程，并撰写学习报告。

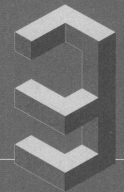

第三章

水电路施工

教学视频
（扫码下载）

PPT 课件
（扫码下载）

≫ **学习难度：** ★★★★☆

≫ **重点概念：** 回填、找平、水路改造、电路改造、防水

≫ **章节导读：** 水电施工又称隐蔽施工，施工完毕后，全部构造会被填补、遮盖，日后出现问题不便维修。水电施工的技术含量较高，要求施工员懂得一定的力学和电学知识，在较发达城市，很多装饰公司要求施工员具备专业技术证书才能上岗。水电施工的安全性是所有装饰的重点，水管连接应尽量缩短，并减少转角数量，电线型号选用应预先经过预测计算，不能盲目连接。本章将重点讲解建筑内部空间的水电路施工工作。

第一节 回填找平

地面回填适用于下沉式卫生间与厨房，这是目前大多数建筑空间流行的构造形式，下沉式建筑结构能自由布设给排水管道，统一制作防水层，有利于个性化空间布局，但也给装饰带来困难，需要大量轻质渣土将下沉空间填补平整。

一、渣土回填

1. 定义

渣土回填是指采用轻质砖渣等建筑构造的废弃材料填补下沉式空间，这需要在下沉空间中预先布设好管道，在回填过程中需要注意的是回填材料不能破坏已安装好的管道设施，不能破坏原有地面的防水层。

2. 施工方法

（1）检查下沉空间中管道是否安装妥当，采用1：2水泥砂浆加固管道底部，对管道起支撑作用，务必进行通水检测 [图3-1（a）]。

（2）仔细检查地面原有防水层是否受到破坏，如已破坏，应采用同种防水材料进行修补 [图3-1（b）]。

（3）选用轻质墙砖残渣仔细铺设到下沉地面，大块砖渣与细小灰渣混合铺设 [图3-2（c）~图3-2（e）]。

（4）铺设至下沉空间顶部时采用1：2水泥砂浆找平，湿水养护7天。

3. 施工要点

（1）大多数下沉卫生间、厨房的基层防水材料为沥青，应选购成品沥青漆，将可能受到破坏的部位涂刷2~3遍，尤其是固定管道支架的螺栓周边，应作环绕封闭涂刷。

（2）管道底部应做好支撑，除了常规支架支撑外，还应铺垫砖砌构造，防止回填材料将管道压弯压破。

（3）填补原则是底层厚度100mm左右为粗砖渣，体块边长100mm左右；中层厚度100mm

（a）检查管道安装

（b）修补防水层

（c）铺垫砖块

（d）装修细砖渣

（e）砖渣回填

图3-1（a）：仔细检查下沉式卫生间的管道安装状况，封闭管道开口，对管道进行定型。

图3-1（b）：安装管道时难免会对原有防水界面产生影响，如有破损，应及时采用防水材料填补。

图3-1（c）：回填卫生间时可采用大块轻质砌块填补下沉卫生间的底部。

图3-1（d）：开槽、拆墙所产生的砖渣可用于卫生间中上层填补。

图3-1（e）：逐层回填后，最上层应铺装细碎砖渣与河砂，以保证工程质量。

图3-1 渣土回填

左右为中砖渣，体块边长50mm左右；面层厚度100mm左右为中砖渣，体块边长20mm左右。每层之间均用粉末状灰渣填实缝隙。

（4）回填材料应选用墙体拆除后的砖渣，体块边长不宜超过120mm，配合不同体态的水泥灰渣一同填补，不能采用石料、瓷砖等高密度碎料，以免增加楼板承重负担。

（5）如需放置蹲便器等设备，应预先安装在排水管道上，固定好基座后再回填，用1∶2水泥砂浆，找平层厚约20mm，并采用水平尺校正。

二、地面找平

1. 定义

地面找平是指水电隐蔽施工结束后，对建筑空间地面填铺平整的施工，主要填补地面管线凹槽，对平整度有要求的地面进行找平，以便铺设复合木地板或地毯等轻薄的装饰材料。

2. 施工方法

（1）检查地面管线的安装状况，通电通水检测无误后，采用1∶2水泥砂浆填补地面光线凹槽［图3-2（a）、图3-2（b）］。

（2）根据地面的平整度，采用1∶2水泥砂浆将地面全部找平或局部找平，对表面进行抹光，湿水养护7天［图3-2（c）］。

（3）仔细清扫地面与边角灰渣，涂刷2遍地坪漆，养护7天。

3. 施工要点

（1）采用1∶2水泥砂浆仔细填补地面管线，不仅应固定管线，还应将管线完全封闭在地面凹槽内。

（2）如果地面铺装瓷砖或实木地板，应采用1∶2水泥砂浆固定管卡部位，无管卡部位，应间隔500mm管固定身，各种管道不应悬空或晃动［图3-2（d）］。

（3）对地面作整体找平时应预先制作地面标筋线或标筋块，高度一般为20～30mm，或根据地面高差来确定，标筋线或标筋块的间距为1.5～2m［图3-3（e）～图3-3（h）］。

（4）如果铺装高档复合木地板、地胶或地毯，应选用自流地坪砂浆找平地面，铺设厚度为20～30mm为佳，具体铺装工艺根据不同产品的包装说明来执行。

（5）如果对整个地面的防水防潮性能有特殊要求，可在地面找平完成后，涂刷2遍地坪漆。地坪漆施工比较简单，保持地面干燥，将灰砂清理干净即可涂刷，涂刷至墙角时覆盖墙面高度100mm左右，坚固防水功能。

（6）对于用水量很少的厨房也可采用地坪漆来替代防水涂料，但地坪漆不能用于卫生间、阳台等用水量大的空间。

（7）经过回填与找平的地面应注意高度，卫

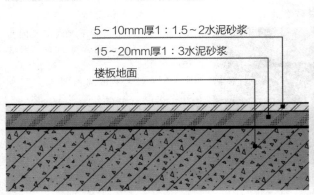

5～10mm厚1∶1.5～2水泥砂浆
15～20mm厚1∶3水泥砂浆
楼板地面

（a）地面找平构造示意图

（b）检查地面管线

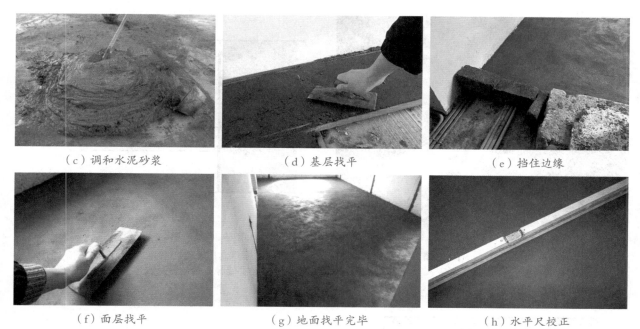

（c）调和水泥砂浆　　　　　　（d）基层找平　　　　　　（e）挡住边缘

（f）面层找平　　　　　　（g）地面找平完毕　　　　　　（h）水平尺校正

图3-2　地面找平施工

图3-2（a）：不同比例的水泥砂浆所要铺设的厚度会有所不同。

图3-2（b）：检查地面管线的安装布置状况，并调整管线的平整度。

图3-2（c）：基层找平的水泥砂浆可以适度较干，表层水泥砂浆可以适度较稀。

图3-2（d）：基层水泥砂浆主要填补管线之间的空间，能基本覆盖管线表面即可。

图3-2（e）：找平层边缘应采用砖块挡住，保持边缘整齐，能与其他地面铺装材料对接。

图3-2（f）：面层找平应用钢抹找平、找光，表面应当细腻平整。

图3-2（g）：地面找平后应湿水养护7天以上，在此期间不能行走踩压。

图3-2（h）：采用水平尺检查地面的平整度，随时填补水泥砂浆找平。

生间、厨房地面应考虑地面排水坡度与地砖铺装厚度，距离整体空间地面高度应保留60mm左右。

（8）客厅、卧室地面找平层厚度不宜超过20mm，否则会增加建筑楼板的负荷。为了强化防水防潮效果，可以在地面涂刷地坪涂料，还能防止水泥砂浆地面起毛粉化。

第二节　水电路施工

水电施工属于隐蔽工程，各种管线都要埋入墙体、地面中，识别水电施工质量的关键环节在于墙地面开槽的深度与宽度，应保持一致，且边缘整齐（图3-3）。

在施工现场与施工员交代清楚，水路构造施工主要分为给水管施工与排水管施工两种，其中给水管施工是重点，需要详细图纸指导施工（图3-4、图3-5）。

一、水路改造与敷设

水路施工前一定要绘制比较完整的施工图，并

1. 定义

水路改造是指在现有水路构造的基础上对管道进行调整，水路布置是指对水路构造进行全新布局。

图3-3 水路施工

图3-3：水管数设时应采用切割机在墙面开槽，其深度应当与管材规格对应，软质管线应穿入硬质PVC管中。

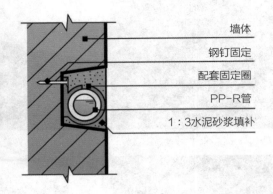

图3-4 给水管安装构造示意

图3-4：依据示意图可进行具体的施工工作，在进行水管数设时一定要选择合适的管材，各部件也需连接紧密。

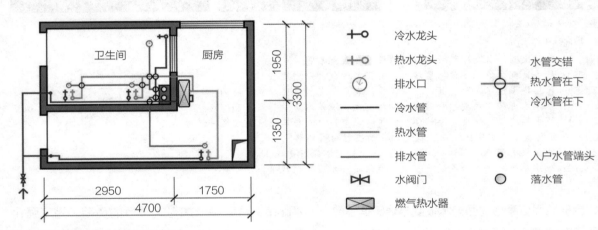

图3-5 卫生间厨房给水布置示意图

2. 给水管施工

（1）施工方法。

①查看厨房、卫生间的施工环境，找到给水管入口，大多数商品房只将给水管引入厨房与卫生间后就不作延伸了，在施工中应就地开口延伸，但不能改动原有管道的入户方式［图3-6（a）］。

②根据设计要求放线定位，并在墙地面开凿穿管所需的孔洞与暗槽，部分给水管布置在顶部，管道会被厨房、卫生间的扣板遮住，注意尽量不要破坏地面防水层［图3-6（b）］。

③根据墙面开槽尺寸对给水管下料并预装，布置周全后仔细检查是否合理，其后就正式热熔安装，并采用各种预埋件与管路支托架固定给水管

［图3-6（c）~图3-6（e）］。

④采用打压器为给水管试压，使用水泥砂浆修补孔洞与暗槽。

（2）施工要点。

①施工前要根据管路改造设计要求，将穿墙孔洞的中心位置用十字线标记在墙面上，用电锤打洞孔，洞孔中心线应与穿墙管道中心线吻合，洞孔应平直［图3-6（f）］。

②安装时注意接口质量，同时找准各管件端头的位置与朝向，以确保安装后连接各用水设备的位置正确，管线安装完毕后应清理管路［图3-6（g）］。

③水路走线开槽应保证暗埋的管道在墙内、

地面内，装饰后不应外露，开槽深度要大于管径20mm，管道试压合格后墙槽应用1：3水泥砂浆填补密实，外层封闭厚度为10～15mm，嵌入地面的管道应大于10mm[图3-6（h）、图3-6（i）]。

④嵌入墙体、地面或暗敷的管道应严格验收，冷热水管安装应左热右冷，平行间距应大于200mm。

⑤明装水管一般位于阳台、露台等户外空间，能避免破坏外墙装饰材料，穿墙体时应设置套管，套管两端应与墙面持平。

⑥明装单根冷水管道距墙表面应为15～20mm，管道敷设应横平竖直，各类阀门的安装位置应正确且平正，便于使用与维修，且整齐美观。

⑦建筑内部空间明装给水管道的管径一般在15～20mm，管径小于20mm的给水管道固定管卡的位置应设在转角、水表、水龙头、三角阀及管道终端的100mm处。

⑧给水管道安装完成后，在隐蔽前应进行水压试验，给水管道试验压力应大于0.6MPa[图3-6（j）]。

⑨没有加压条件下的测试办法可以关闭水管总阀，打开总水阀门30min，确保没有水滴后再关闭所有水龙头。

⑩打开总水阀门30min后查看水表是否走动（包括缓慢的走动），如果走动，即为漏水。

⑪管道暗敷在墙内或吊顶内，均应在试压合格后做好隐蔽工程验收记录。

3. 排水管施工

排水管道的水压小，管道粗，安装起来相对简单。目前大多数为下沉式卫生间，只预留一个排水孔，所有管道均需要现场设计、制作[图3-7（a）]。

（1）施工方法。

①查看厨房、卫生间的施工环境，找到排水管出口。现在大多数商品房会将排水管引入厨房与卫生间后就不作延伸了，需要在施工中对排水口进

（a）查看给水管位

（b）放线定位

（c）切割机开槽

（d）管材热熔

（e）连接管件

（f）管道内清洁

（g）管道组装入槽　　　　　　　　　　（h）封闭管槽

（i）管道外露端口　　　　　　　　　　（j）打压试水

图3-6　给水管施工

图3-6（a）：商品房的给水管一般都预先布置完毕，仔细查看所在位置与地面管道走向，在施工中应注意保护。

图3-6（b）：在墙地面上开设管槽之前，应当放线定位，一般采用墨线盒弹线。

图3-6（c）：采用切割机开槽时应选用瓷砖专用切割片，切割管槽深度要略大于管道直径。

图3-6（d）：专用于PPR管的热熔机应充分预热，热熔时间一般为15～20s，时间必须控制好。

图3-6（e）：管材热熔后应及时对接管道配件，握紧固定15～20s，固定后还需做牢固试验。

图3-6（f）：安装前还要清理管道内部，保证管内清洁无杂物。

图3-6（g）：管道组装完毕后应平稳放置在管槽中，管槽底部的残渣应清扫干净。

图3-6（h）：封闭管槽时应将水泥砂浆涂抹密实，外表尽量平整，可以稍许内凹，但不应明显外凸。

图3-6（i）：外露的管道端口深浅应一致，保持水平整齐，间距符合设备安装需要。

图3-6（j）：管道组装完毕后应试水打压，压力应大于0.6MPa，且测试时间不低于48h。

行必要延伸，但不能改动原有管道的入户方式［图3-7（b）］。

②根据设计要求在地面上测量管道尺寸，对给水管下料并预装。

③厨房地面一般与其他空间等高，如果要改变排水口位置只能紧贴墙角作明装，待施工后期用地砖铺贴转角作遮掩，或用橱柜作遮掩。

④下沉式卫生间不能破坏原有地面的防水层，管道应在防水层上布置安装，如果卫生间地面与其他空间等高，最好不要对排水管进行任何修改，作任何延伸或变更，否则要砌筑地台，给出入卫生间带来不便。

⑤采用盛水容器为各排水管灌水试验，观察排水能力以及是否漏水，局部可以使用水泥加固管道，下沉式卫生间需用细砖渣回填平整，回填时注意不要破坏管道。

⑥布置周全后仔细检查是否合理，其后就正式胶接安装，并采用各种预埋件与管路支托架固定给水管［图3-7（c）、图3-7（d）］。

（2）施工要点。

①量取管材长度后，裁切管材时，两端切口应保持平整，锉除毛边并作倒角处理。

②粘接前必须进行试装，清洗插入管的管端外表约50mm长度与管件承接口内壁，再用涂有

丙酮的棉纱擦洗1次，然后在二者的粘接面上用毛刷均匀涂上1层黏合剂即可，不能漏涂。

③涂毕立即将管材插入对接管件的承接口，并旋转到理想的组合角度，再用木槌敲击，使管材全部插入承口，在2min内不能拆开或转换方向，注意及时擦去接合处挤出的粘胶，保持管道清洁。

④每个排水构造底端均应具备存水弯构造，如果洁具的排水管不具备存水弯，就应当采用排水管制作该构造。

⑤管道安装时必须按不同管径的要求设置管卡或吊架，位置应正确，埋设要平整，管卡与管道接触应紧密。

⑥安装PVC排水管应注意管材与管件连接件的端面要保持清洁、干燥、无油，并去除毛边与毛刺。

⑦横向布置的排水管应保持一定坡度，一般为2%，坡度最低处连接到主落水管，坡度最高处连接距离主落水管最远的排水口［图3-7（e）］。

⑧采用金属管卡或吊架时，金属管卡与管道之间应采用橡胶等软物隔垫，安装新型管材应按生产企业提供的产品说明书进行施工。

⑨如水路施工的关键在于密封性，施工完毕后应通水检测，还需确保给水管道中储水时间达24h以上不渗水，且排水管道应能满足80℃热水排放。

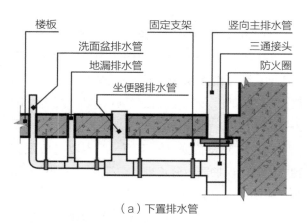

（a）下置排水管

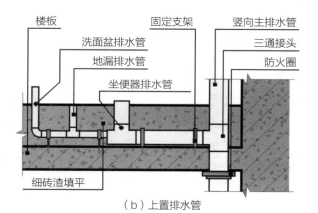

（b）上置排水管

（a）排水管安装构造示意

（b）查看排水管位置

（c）管道涂胶

（d）组装排水管

（e）排水管安装固定

图3-7 排水管施工

图3-7（b）：查找排水管的排水位置后，应当采用三通管件将其连接起来，方便不同方向的管道连接，能加快排水速度。

图3-7（c）：采用砂纸将管道端口打磨干净，并涂抹上管道专用粘接剂，迅速粘接配套管件。

图3-7（d）：将管道分为多个单元独立组装，摆放在地面校正水平度与垂直度。

图3-7（e）：排水管安装应从低向高安装固定，用砖垫起竖向管道，这样可形成坡度加速排水。

R 补充要点

电路施工注意细节

电路施工布置必须有电路设计图纸作指导，图纸上的线路连接应具有逻辑性，尽量节省电线用量，施工时应尽量减少在墙面上开槽，最大程度降低对建筑造成破坏。强电与弱电之间的线路应时刻保持300mm以上的间距。此外，应特别注意不宜在低功率回路上采用过粗的电线，更不能在高功率回路上采用过细的电线。

二、电路改造与敷设

电路改造与布置涉及强电与弱电两种电路，强电可以分为照明、插座、空调电路；弱电可以分为电视、网络、电话、音响电路等，改造与布置方式基本相同。

1. 强电施工

强电施工是电路改造与布置的核心，应正确选用电线型号，合理分布。

（1）施工方法。

①根据完整的电路施工图现场草拟布线图，并使用墨线盒弹线定位，在墙面上标出线路终端插座、开关面板位置，绘制结束后对照图纸检查是否有遗漏[图3-8（a）～图3-8（d）]。

②埋设暗盒及敷设PVC电线管时，要将单股线穿入PVC管，并在顶、墙、地面开线槽，线槽宽度及数量根据设计要求来定[图3-8（e）～图3-8（g）]。

③安装空气开关、各种开关插座面板、灯具，并通电检测。

④根据现场实际施工状况完成电路布线图，备案并复印交给下一工序的施工员。

（2）施工要点。

①设计布线时，执行强电走上，弱电在下，横平竖直，避免过多交叉，坚持美观实用的原则。

②使用切割机开槽时深度应当一致，一般要比PVC管材的直径要宽10mm。

③PVC管应用管卡固定，PVC管接头均用配套接头，用PVC管道粘接剂粘牢，弯头均用弹簧弯曲构件，暗盒与PVC管都要用钢钉固定[图3-8（h）]。

④PVC管安装好后，统一穿电线，同一回路的电线应穿入同一根管内，但管内总根数应少于8根，电线总截面积包括绝缘外皮不应超过管内截面积的40%，暗线敷设必须配阻燃PVC管[图3-8（i）]。

⑤入户应设有强、弱电箱，配电箱内应设置独立的漏电保护器，分路经过空开后，分别控制照明、空调、插座等。

⑥空气开关的工作电流应与终端电器的最大工作电流相匹配，不能相差过大。

⑦电源线与信号线不能穿入同一根管内，电源线及插座与电视线及插座的水平间距应大于300mm。

⑧电线与暖气、热水、煤气管之间的平行距离应大于300mm，交叉距离应大于100mm，电源插座底边距地宜为300mm，开关距地宜为1300mm。

⑨挂壁空调插座高1800mm，厨房各类插座高950mm；挂式消毒柜插座高1800mm，洗衣机插座高900m，电视机插座高650mm。

⑩同一空间内的插座面板应在同一水平标高度上，高差应小于5mm。

⑪当管线长度大于1500mm或有两个直角弯时，应增设拉线盒，吊顶上的灯具位应设拉线盒固定［图3-8（j）］。

⑫穿入配管导线的接头应设在接线盒内，线头要留有余量150mm左右，接头搭接应牢固，绝缘带包缠应均匀紧密［图3-8（k）］。

⑬吊顶构造应预留足够长的电线，待制作吊顶构造后再布设［图3-8（l）］。大功率电器设备应单独配置空气开关，并设置专项电线［（图3-8（m）］。

⑭安装电源插座时，面向插座的左侧应接零线（N），右侧应接火线（L），中间上方应接保护地线（PE）［图3-8（n）、图3-8（o）］。

⑮保护地线一般为2.5mm²的双色线，导线间与导线对地间电阻必须大于0.5Ω。

2. 弱电施工

（1）定义。弱电是指电压低于36V的传输电能，主要用于信号传输，电线内导线较多，传输信号时容易形成电磁脉冲。弱电施工的方法与强电基

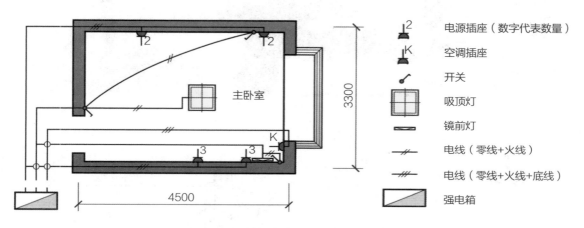

图例：
- 电源插座（数字代表数量）
- K 空调插座
- 开关
- 吸顶灯
- 镜前灯
- 电线（零线+火线）
- 电线（零线+火线+底线）
- 强电箱

主卧室　3300　4500

（a）主卧室强电布置示意图

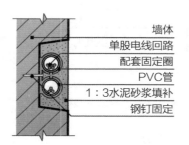

墙体
单股电线回路
配套固定圈
PVC管
1：3水泥砂浆填补
钢钉固定

（b）PVC穿线管布设构造示意

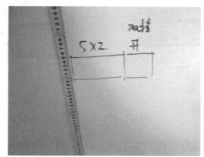

（c）标出开关插座位置

（d）放线定位

（e）线管弯曲

（f）线管布置

（g）切割机开管槽

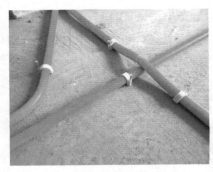 

（h）固定线管　　　　　　　　　　（i）电线穿管　　　　　　　　　　（j）暗盒安装

（k）强电配电箱安装　　　　　　　（l）顶部预留电线　　　　　　　　（m）空调插座安装

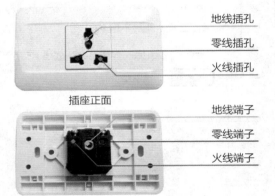

地线插孔
零线插孔
火线插孔

插座正面

地线端子
零线端子
火线端子

插座背面

（n）普通插座接线示意图

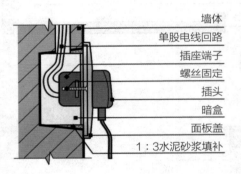

墙体
单股电线回路
插座端子
螺丝固定
插头
暗盒
面板盖
1∶3水泥砂浆填补

（o）开关插座面板安装构造示意图

图3-8　强电施工

图3-8（b）：PVC穿线管布设和PPR管布设有异曲同工之处，施工时注意调配好水泥砂浆的比例。

图3-8（c）：电路敷设前需在墙面标出开关插座位置，标记时应随时采用卷尺校对高度，并用记号笔做记录。

图3-8（d）：墙面放线定位应保持垂直度，以墨线盒自然垂挂为准。

图3-8（e）：将弹簧穿入线管中，然后用手直接将管道掰弯即可得到转角形态。

图3-8（f）：敷设线路时要注意线管上下层交错的部位应当减少，尽量服帖，不能留空过大。

图3-8（g）：由于电线管较细，采用切割机开设管槽可以较浅，一般不要破坏砖体结构。

图3-8（h）：线管布置完毕后应当及时固定，采用专用线管卡固定至墙地面上。

图3-8（i）：电线穿管后应预留150mm端头，每根管内的电线应为一个独立回路。

图3-8（j）：暗盒嵌入墙体安装完毕后，应当及时采用水泥砂浆封闭固定。

图3-8（k）：强电配电箱一般在入户大门不远处，各路电线汇集于此，可暂时整齐盘绕其中。

图3-8（l）：吊顶内的电线可以临时盘绕，待吊顶制作后再进行布置。

图3-8（m）：大功率空调应在插座部位单独安装空气开关，这样可有效避免安全事故的发生。

本相同，同样也应具备详细的设计图纸作指导［图3-9（a）］。

（2）施工要点。

①在电路施工过程中，强电与弱电同时操作，只是要特别注意添加防屏蔽构造与措施，各种传输信号的电线除了高档产品自身具有防屏蔽功能外，还应采用带防屏蔽功能的PVC穿线管。

②弱电管线与强电管线之间的平行间距应大于300mm，不同性质的信号线不能穿入同一PVC穿线管内，在施工时应尽缩短电路的布设长度，减少外部电磁信号干扰［图3-9（b）］。

③网络路由器多安装在建筑空间平面的中央，位于墙面高度2000mm左右最佳。布设线路

时，从距离入户大门不远的终端开始连接网线，直至建筑空间中央的走道或过厅处，在墙面上设置接口插座与电源插座［图3-9（c）］。

④接口插座与电源插座的间距应大于300mm，网络接口插座所处位置的确定因地制宜，其位置与各空间内的计算机、电视机、电话应保持最小间距，注意回避厨房、卫生间的墙面瓷砖与混凝土墙体，否则会有阻隔，影响信号传输。

⑤较复杂的弱电还包括音响线、视频线等，这些在今后的建筑装饰中会越来越普及，如果条件允许，弱电可以布置在吊顶内或墙面高处，强电布置在地面或墙面低处，将两者系统地分开，既符合安装逻辑，又能高效、安全地传输信号。

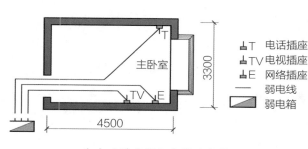

（a）主卧室弱电布置示意图

（b）强电弱电分开布置

（c）弱电配电箱安装

图3-9 弱电施工

图3-9（b）：强电与弱电管线之间的平行间距应保持在300mm以上，这样可以有效防止电磁信号干扰。

图3-9（c）：弱电配电箱内应安装电源插座，供无线路由器等设备使用。

R 补充要点

电线回路计算

现代电器的使用功率越来越高，要正确选用电线就得精确计算，但是计算方式却非常复杂，现在总结以下规律，可以在设计时随时参考（铜芯电线）：1.5mm² （10A～16A） ≈3300W；2.5mm²（16A～25A） ≈5500W；4mm² （25A～32A） ≈7000W；6mm² （32A～40A） ≈9000W。

不能用过细的电线连接功率过大的电气设备，但是也要注意，不能用过粗的电线连接功率过小的电气设备，这样看似很安全，其实容易烧毁用电设备，而且电流会在过粗的电线上造成损失，反而浪费电。

当用电设备功率过大时，如超过10000W，就不能随意连接入户空气开关，应当到物业管理部门申请入户电线改造，否则会影响其他用电设备正常工作，甚至影响整个楼层、门栋的用电安全。

三、电路施工一览（表3-1）

表3-1 电路施工对比一览表（以下价格包含人工费、辅材和主材）

类别	图示	性能特点	用途	价格 /（元 / 米）
明装电线		安装施工简单、快捷,实用性较强,外观凸出，不美观	临时布线或装修后增加布线，一般不建议明装电线	20 ~ 25
暗装电线		安装施工较复杂,布置在墙体中,对施工工艺要求严格,不便整改	永久布线，是建筑装饰主流施工方式	15 ~ 20
地面安装电线		安装施工较简单，布置自由,如果不开槽，必须对地面进行找平处理，增加后续施工成本	大面积户型电路施工布置	15 ~ 20
墙面安装电线		安装施工较复杂,需要在墙面开槽，对施工工艺要求严格,不便后期整改	辅助地面布线	15 ~ 20
顶面安装电线	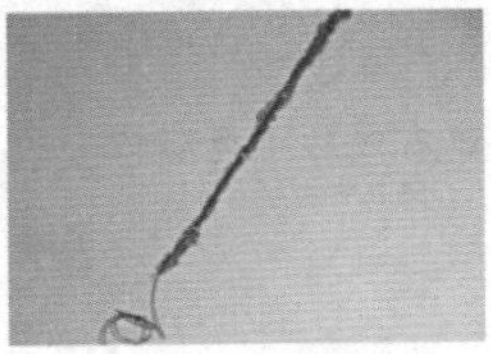	安装施工较简单，布置自由,开槽较浅，容易破坏楼板	安装顶面灯具与用电设备	10 ~ 15
构造内安装电线		安装施工较简单，布置自由，无须开槽，预留线管长度应当合适	吊顶、隔墙等内部线路构造	15 ~ 20

第三节 防水施工

给排水管道安装完毕后，就需要开展防水施工，无论建筑空间原来的防水效果如何，在进行装饰时都应重新检查并制作防水层（图3-10）。

一、建筑内部空间防水施工

目前用于建筑内部空间的防水材料很多，大

多数为聚氨酯防水涂料与硅橡胶防水涂料，这两种材料的防水效果较好，耐久性较高（图3-11、图3-12）。

1. 应用

建筑内部空间防水施工主要适用于厨房、卫生间、阳台等经常接触水的空间，施工界面为地面、墙面等水分容易附着的界面上。

2. 施工方法

（1）将厨房、卫生间、阳台等空间的墙地面清扫干净，保持界面平整、牢固，对凹凸不平及裂缝采用1:2水泥砂浆抹平，对防水界面洒水润湿［图3-13（a）］。

（2）选用优质防水浆料，按产品包装上的说明与水泥按比例准确调配，调配均匀后静置20min以上［图3-13（b）］。

（3）对地面、墙面分层涂覆，根据不同类型防水涂料，一般须涂刷2~3遍，涂层应均匀，间隔时间应大于12h，以干而不粘为准，总厚度为2mm左右［图3-13（c）~图3-13（e）］。

（4）须经过认真检查，局部填补转角部位或用水率较高的部位，待干。

（5）使用素水泥浆将整个防水层涂刷1遍，待干。

（6）采取封闭灌水的方式，进行检渗漏实验，如果48h后检测无渗漏，方可进行后续施工。

3. 施工要点

（1）涂刷防水浆料应采用硬质毛刷，调配比例与时间应严格按照不同产品的说明书执行，涂层不能有裂缝、翘边、鼓泡、分层等现象［图3-13（f）、图3-13（g）］。

（2）与浴缸、洗面盆相邻的墙面，防水涂料的高度也要比浴缸、洗面盆上沿高出300mm，要注意与卧室相邻的卫生间隔墙，一定要对整面墙体涂刷1次防水浆料。

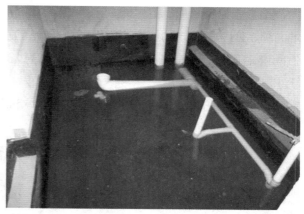

图3-10　检查原始防水层

图3-10：对原有防水层进行试水检测，将整个卫生间浸泡48h，到楼下观察，如不渗水则可以继续施工，如有渗水，应及时联系物业公司维修。

图3-11　沥青防水层

图3-11：聚氨酯防水涂料的结膜度高，防水效果好，施工后等待时间短，但是挥发性较强，气味难闻，对环境有一定污染。

图3-12　水泥基防水层

图3-12：硅橡胶防水涂料使用时需要掺入水泥粉末，比例应严格控制，无刺鼻气味，干燥时间较长，对施工工艺要求更严格。

（3）无论是厨房、卫生间，还是阳台，除了地面满涂外，墙面防水层高度应达到300mm，卫生间淋浴区的防水层应大于1800mm［图3-13（h）、图3-13（i）］。

（4）涂刷防水浆料后一定要进行48h闭水试验，确认无渗漏才能进行下一步施工。

（5）卫生间墙地面之间的接缝以及上、下水管道与地面的接缝，是最容易出现问题的地方，接缝处要涂刷到位。

（a）基层处理　　　　　　　　（b）聚氨酯防水涂料　　　　　　　（c）涂刷破损部位

（d）涂刷新筑构造　　　　　　　（e）涂刷排水管底部　　　　　　　（f）整体涂刷

（g）排水管边缘涂刷　　　　　　（h）淋浴区墙面涂刷　　　　　　　（i）涂刷完毕试水

图3-13　建筑内部空间防水施工

图3-13（a）：对即将涂刷防水涂料的部位进行基层处理，并拆除原有防水层。

图3-13（b）：聚氨酯防水涂料为A、B两部分，使用时应按包装说明调配，充分反映后使用。

图3-13（c）：仔细涂刷受到破损的边角部位，待完全干燥后再涂刷平整面。

图3-13（d）：涂刷防水涂料时要特别强化新筑构造的边角部位，结膜层可以适度加厚。

图3-13（e）：拆除原有防水层部位应涂刷防水涂料两遍以上，可见整个排水管覆盖。

图3-13（f）：回填后的卫生间应当重新涂刷防水涂料，墙面涂刷高度应达到300mm以上。

图3-13（g）：排水管周边应涂刷防水涂料3遍以上，防止产生裂缝。

图3-13（h）：在卫生间淋浴区，墙面涂刷高度应达到1800mm以上，宽度每边应达到1200mm以上。

图3-13（i）：防水涂料施工完毕后，应当再次湿水浸泡48h，并到楼下查看是否出现漏水、渗水。

二、室外防水施工

1. 应用

室外防水施工主要适用于屋顶露台、地下室屋顶等面积较大的表面构造，可以采用防水卷材进行施工，大多数商品房的屋顶露台与地下室屋顶已经做过防水层，因此，在装饰时应避免破坏原有防水层。

如果在防水界面进行开槽、钻孔、凿切等施工，一定注意修补防水层。防水卷材多采用聚氨酯复合材料，将其对屋顶漏水部位作完全覆盖，最终达到整体防水的目的。这种方法适用于漏水点多且无法找出准确位置的建筑屋顶，或用于屋顶女儿墙墙角整体防水修补。

R 补充要点

防水卷材的耐久性

要提高防水卷材的耐久性应注意保护好施工构造表面，施工完毕后不可随意踩压，表面不放置重物，或钉接安装其他构造，发生损坏应及时维修，大多数户外防水卷材保养得当，一般可以保用5年以上。聚氨酯防水卷材的综合铺装费用为100～150元/米^{2}左右。

2. 施工方法

（1）察看室外防水可疑部位，结合建筑内部空间渗水痕迹所在位置，确定大概漏水区域，并清理屋顶漏水区域内的灰尘、杂物，用钉凿将漏水区域凿毛，将残渣清扫干净［图3-14（a）、图3-14（b）］。

（2）将部分聚氨酯防水卷材加热熔化，均匀泼洒在凿毛屋顶上，并赶刷平整，将聚氨酯防水卷材覆盖在上面并踩压平整。

（3）在卷材边缘涂刷1遍卷材熔液，将防裂纤维网裁切成条状粘贴至涂刷处。

（4）待卷材边缘完全干燥后，再涂刷2遍卷材熔液即可。

R 补充要点

防水施工

目前，市面上出现了各种防水材料，在选购时应仔细阅读这些材料的使用说明，了解其用途与施工方法后再购买，施工时应严格按照包装上的指导方法来施工，任何细节差异都会影响施工质量。如果发包方对防水施工特别重视，则可以根据本书内容亲自动手操作，更仔细、更全面的防水施工能为日后生活带来很多便利。

3. 施工要点

（1）确定漏水区域后，应将漏水区域及周边宽100～150mm的范围清理干净，采用小平铲铲除附着在预涂刷部位上的油脂、尘土、青苔等杂物，使屋顶露出基层原始材料［图3-14（c）］。

（2）将聚氨酯卷材裁切一部分，用旧铁锅或金属桶等大开口容器烧煮卷材，平均1kg卷材熔化后形成的黏液可涂刷0.5～0.8m^2。

（3）采用钉凿凿除表层材料，如抹灰砂浆、保温板、防水沥青、防水卷材等，凿除深度为5～10mm，并将凿除残渣清理干净。

（4）卷材边缘应用防裂纤维网覆盖，将其裁切成宽度100~150mm的条状，使用卷材熔液粘贴，及时赶压出可能出现的气泡，待完全干燥后再涂刷2遍熔液，其厚度应小于5mm［图3-14（d）、图3-14（e）］。

（5）施工完毕后，最好在防水层表面铺装硬质装饰材料，以保护防水卷材不被破坏。

（6）将熔化后的沥青黏液泼洒在经过钉凿的屋顶界面上，并立即用油漆刷或刮板刮涂，将黏液涂刷平整。

（7）聚氨酯防水卷材覆盖粘贴后应及时踩压平整，不能存在气泡、空鼓现象［图3-14（f）、图3-14（g）］。

（8）在平整部位应当对齐防水卷材的边缘，将卷材展开排列整齐，热熔焊接时应充分熔解卷材表面［图3-14（h）、图3-14（i）］。

（9）在女儿墙等构造的凹角处，应将卷材弯压成圆角状后再铺贴，不能折叠，从平面转至立面的高度应大于300mm［图3-14（j）、图3-14（k）］。

（a）拆除现有防水层

（b）拆除墙面装饰材料

（c）清洗基层界面

（d）局部刮涂防水涂料

（e）防水卷材阳角与阴角铺装

（f）防水卷材阳角与阴角处理示意图

（a）阳角卷材铺贴

（b）阴角卷材铺贴

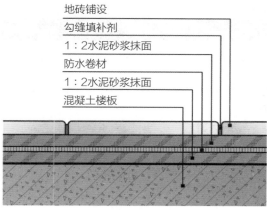

地砖铺设
勾缝填补剂
1：2水泥砂浆抹面
防水卷材
1：2水泥砂浆抹面
混凝土楼板

（g）防水卷材施工构造示意图　　　　　　（h）防水卷材铺装

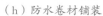

（i）焊接缝隙　　　　　　（j）焊接女儿墙　　　　　　（k）施工完毕

图3-14　室外防水施工

图3-14（a）：仔细拆除原有防水层，否则铺装防水层后会提高地面基础高度，形成倒坡，使户外雨水回流至空间内部。

图3-14（b）：发现墙面渗水情况后应及时拆除外墙装饰材料，并待制作防水层后再重新铺装墙面装饰材料。

图3-14（c）：仔细清洗制即将要制作防水层的界面，可以涂刷2遍防水剂。

图3-14（d）：查找到漏水、渗水部位后，可以针对确切位置在局部刮涂聚氨酯防水涂料。

图3-14（e）：一般在户外转角构造处要仔细粘贴防水卷材，且务必要环绕紧密。

图3-14（h）：铺装大面积防水卷材时应严格对齐，避免铺装材料浪费。

图3-14（i）：采用烤枪对防水卷材进行热熔焊接时，要及时粘贴均匀，无任何缝隙。

图3-14（j）：女儿墙等转角幅度较大的部位可用明火进行焊接。

图3-14（k）：防水卷材施工完毕后应养护七天以上，期间应避免踩压或湿水。

三、防水施工材料一览（表3-2）

表3-2　　　　　　　　　　防水施工材料一览表（以下价格包含人工费、辅材和主材）

类别	图示	性能特点	用途	价格（元／米²）
聚氨酯防水涂料		施工操作简单、快捷，挥发性强，气味难闻，结膜度高，防水效果好	建筑内部空间基层铺装、涂刷	50 ~ 60
水泥基防水涂料		施工操作简单、快捷，无毒无味，与水泥的搭配比例要求严格，结膜度一般，防水效果较好	建筑内部空间基层铺装、涂刷	60 ~ 80

续表

类别	图示	性能特点	用途	价格（元／米²）
防水卷材		施工操作比较复杂，施工挥发性强，气味难闻，材质较厚，户外耐久性好，防水效果较强	室外大面积铺装	100 ~ 150

⑤ 本章小结

水电路施工是建筑装饰工程中十分重要的一部分，它影响着建筑的使用年限，同时在施工之时必须要做好水电材料的检查，确保质量无误，这有益于水电工程的整体实施。

℗ 课后练习

1. 分点叙述渣土回填的施工方法和施工要点。
2. 分点说明地面找平的施工方法和施工要点。
3. 简述给水管的施工方法。
4. 分点说明给水管施工需要注意的事项。
5. 分点说明排水管施工的方法和具体的施工要点。
6. 强电如何施工？需要注意哪些事项？
7. 弱点如何施工？采取哪些措施可以更好地施工？
8. 建筑内部空间防水具体如何施工？注意事项有哪些？
9. 室外防水施工具体如何施工？注意事项有哪些？

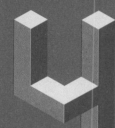

第四章

墙地面工程施工

教学视频
（扫码下载）

PPT 课件
（扫码下载）

≫ **学习难度**：★ ★ ★ ★ ☆

≫ **重点概念**：墙面工程、地面砖铺装、石材铺装、其他地面工程

≫ **章节导读**：铺装施工追求精致、平整的外观，基层水泥砂浆的干湿度要控制合理，不能
形成较大空隙。铺装施工技术含量较高，需要具有丰富经验的施工员操作，
施工讲究平整、光洁，在施工过程中，需要随时采用水平尺校对铺装构造的
表面平整度，随时采用尼龙线标记铺装构造的厚度，随时采用橡皮锤敲击砖
材的四个边角，这些都是控制铺装平整度的重要操作方式，本章将重点讲解
建筑内部空间墙地面工程的施工工作。

第一节 墙面工程

墙面砖与地面砖的性质不同，在铺装过程中应采取不同的施工方法，地面砖的平整度与缝隙宽度与砖材质量有很大关系，因此，如果条件允许，应当选用中高档优质产品。

一、普通墙面砖铺装

墙面砖铺装要求粘贴牢固，表面平整，且垂直度标准，具有一定施工难度［图4-1（a）］。

1. 施工方法

（1）清理墙面基层，铲除水泥疙瘩，平整墙角，但不要破坏防水层，同时，选出用于墙面铺贴的瓷砖浸泡在水中3~5h后取出晾干［图4-1（b）、图4-1（c）］。

（2）配置1:1水泥砂浆或素水泥待用，对铺贴墙面洒水，并放线定位，精确测量转角、管线出入口的尺寸并裁切瓷砖［图4-1（d）］。

（3）在瓷砖背部涂抹水泥砂浆或素水泥，从下至上准确粘贴到墙面上，保留的缝隙要根据瓷砖特点来定制。

（4）采用瓷砖专用填缝剂填补缝隙，使用干净抹布将瓷砖表面擦拭干净，养护待干。

2. 施工要点

（1）选砖时应仔细检查墙面砖的几何尺寸、色差、品种，以及每一件的色号，防止混淆色差。

（2）第2次采购墙砖时，必须带上样砖，选择同批次产品，墙砖与洗面台、浴缸等的交接处，应在洗面台、浴缸安装完后再补贴。

（3）检查基层平整、垂直度，如果高度误差大于20mm，必须先用1:3水泥砂浆打底校平后方能进行下一工序。

（4）确定墙砖的排版，在同一墙上的横竖排列，不宜有1行以上的非整砖，非整砖行排在次要部位或阴角处，不能安排在醒目的装饰部位。

（5）放线时2级为纵、横向交错放线，一般是边铺贴边放线，主要参考1级放线的位置，用于确定每块墙砖的铺贴位置，建筑外墙铺贴施工一般从上至下进行，边铺贴边养护。

（6）铺贴墙面如果是涂料基层，必须洒水后将涂料铲除干净，凿毛后方能施工，用于墙砖铺贴的水泥砂浆体积比一般为1:1，也可用素水泥铺贴［图4-1（e）］。

（7）墙砖镶贴前必须找准水平及垂直控制线，垫好底尺，挂线镶贴，镶贴后应用同色水泥浆勾缝，墙砖粘贴时必须牢固，不空鼓，无歪斜、缺棱掉角、裂缝等缺陷［图4-1（f）］。

（8）墙砖粘贴时，缝隙应小于1mm，横竖缝必须完全贯通，缝隙不能交错。

（9）墙砖粘贴时用平整度1m的水平尺检查，误差应小于1mm，用2m长的水平尺检查，平整度应小于2mm，相邻砖之间平整度不能有误差。

（10）在腰线砖镶贴前，要检查尺寸是否与墙砖的尺寸相协调，下腰线砖下口离地应大于800mm，上腰带砖离地1800mm。

（11）墙砖贴阴阳角必须用角尺定位，墙砖粘贴如需碰角，碰角要求非常严密，缝隙必须贯通。

（12）墙砖镶贴过程中，要用橡皮锤敲击固定，砖缝之间的砂浆必须饱满，严防空鼓，随时采用水平尺校正表面的平整度［图4-1（g）、图4-1（h）］。

（13）墙砖在开关插座暗盒处应该切割严密，当墙砖贴好后上开关面板时，面板必须能盖住［图4-1（i）］。

（14）墙砖镶贴时，遇到电路暗盒或水管的出水孔在墙砖中间时，墙砖不允许断开，应用电钻严密转孔［图4-1（j）］。

（15）墙砖的最上层铺贴完毕后，应用水泥砂浆将上部空隙填满，以防在制作扣板吊顶钻孔时破坏墙砖。

（16）墙面砖的铺贴施工，可以与其他项目平行或交叉作业，但要注意成品保护，尤其是先铺装地面砖后再铺装墙面踢脚线时，要保护好地面不被污染、破坏［图4-1（k）、图4-1（l）］。

（17）墙砖铺贴时应考虑与门洞平整接口，门边框装饰线应完全将缝隙遮掩住，检查门洞垂直度，墙砖铺完后1h内必须用专用填缝剂勾缝，并保持清洁干净。

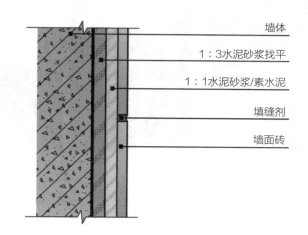

墙体
1：3水泥砂浆找平
1：1水泥砂浆/素水泥
填缝剂
墙面砖

（a）墙面砖铺装构造示意图

（b）墙面砖浸泡　　　　　（c）墙面砖晾干　　　　　（d）放线定位

（e）调配水泥砂浆　　　　　（f）上墙铺装　　　　　（g）敲击固定

（h）水平尺校正　　　　　（i）电路暗盒开口　　　　　（j）管道端头开口

（k）阳角处理　　　　　　　　　　　（1）踢脚线铺装

图4-1　普通墙面砖铺装

图4-1（a）：墙面砖铺装时应先采用1：3水泥砂浆进行找平，再采用1：1水泥砂浆营造凝结层，然后进行铺贴。

图4-1（b）：将墙面砖放入水中充分浸泡，这也是检测墙面砖质量的重要方法，优质产品放入水中，气泡很少。

图4-1（c）：浸泡完全后的墙面砖应竖立起来，并等待其干燥，建议相互交错排列，这样能加快风干速度。

图4-1（d）：墙面砖施工前需放线定位，可采用水平仪在墙面放线定位，再用墨盒弹线，放线时注意水平度控制。

图4-1（e）：调配水泥砂浆时一定要控制好水泥砂浆的干湿度，加水量以环境气候与砂浆量为基准来确定。

图4-1（f）：铺装前应对墙面洒水润湿，墙面弹线后还应标注墙面砖铺贴厚度，砖块底层应铺垫木屑校正水平度。

图4-1（g）：墙面砖铺装后应用橡皮锤敲击校正表面的平整度。

图4-1（h）：铺贴墙面砖的同时，应随时采用水平尺校正墙面砖铺装的平整度。

图4-1（i）：电路暗盒的开口应整齐方正，面积不能过大，以免单罩面板无法遮挡。

图4-1（j）：墙面给水管端头应采用圆形钻头在墙面砖上钻孔，注意精确测量开孔的位置。

图4-1（k）：墙面砖铺贴时遇到阳角部位，应镶嵌成品金属护角线，既美观又耐磨损，还能封闭边角。

图4-1（1）：铺设瓷砖踢脚线时，基层墙面应作凿毛处理才能粘贴牢固，水泥砂浆中应掺加10%的黏结剂。

📖 补充要点

墙面砖铺贴

1. 墙面砖铺贴技术性极强，在辅助材料备齐、基层处理较好的情况下，1名施工员1天能完成5～8m²。

2. 陶瓷墙砖的规格不同、使用的黏结材料不同、基层墙面的管线数量不同等，都会影响到施工工期，因此，实际工期应根据现场情况确定。

3. 建筑外墙铺贴墙面砖的方法与内墙相似，只是在施工中要作2级放线定位，其中1级为横向放线，在建筑外墙高度间隔1.2～1.5m放1根水平线，可以根据铺贴墙砖的规格或门窗洞口尺寸来确定间距，以此来保证墙砖的水平度。

二、锦砖铺装

锦砖又称马赛克，它具有砖体薄、自重轻等特点，锦砖铺装在铺贴施工中施工难度最大［图4-2（a）］。

1. 施工方法

（1）首先要清理墙面基层，铲除水泥疙瘩，平整墙角，但不要破坏防水层，同时，选出用于铺贴的锦砖。

（2）配置素水泥待用，或调配专用胶粘剂，对铺贴墙面洒水，并放线定位，精确测量转角、管线出入口的尺寸并对锦砖作裁切。

（3）在铺贴界面与锦砖背部分别涂抹素水泥或胶粘剂，依次准确粘贴到墙面上，保留缝隙根据锦砖特点来定制［图4-2（b）、图4-2（c）］。

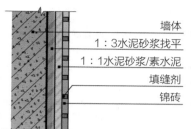

墙体
1：3水泥砂浆找平
1：1水泥砂浆/素水泥
填缝剂
锦砖

（a）锦砖铺装构造示意图

（b）刮涂粘接剂

（c）锦砖铺装

（d）填缝剂擦入勾缝

图4-2 锦砖铺装

图4-2（a）：锦砖铺装时需保证每个小瓷片都紧密粘结在砂浆中，且不易脱落。

图4-2（b）：采用专用刮板可将调和好的粘接剂挂在铺装界面上，形成具有规律的凸凹纹理。

图4-2（c）：锦砖铺装施工时应将锦砖压平在铺装界面上，并使每块之间保持适当间距。

图4-2（d）：锦砖铺装施工时应调和白水泥或专用填缝剂，并将其擦入锦砖的勾缝中，注意随时调整并对齐位置，并将表面刮涂平整。

（4）揭开锦砖的面网，采用锦砖专用填缝剂擦补缝隙，使用干净抹布将锦砖表面的水泥擦拭干净，养护待干［图4-2（d）］。

2. 施工要点

（1）铺贴锦砖前应根据计算机绘制的图纸放出施工大样，根据高度弹出若干条水平线及垂直线，两线之间保持整张数，同一面墙不得有一排以上非整砖，非整砖应安排在隐蔽处。

（2）施工前要剔平墙面凸出的水泥、混凝土，对于混凝土墙面应凿毛，然后浇水润湿。

（3）铺贴时在墙面上涂抹薄薄1层素水泥或专用粘接剂，厚度3~5mm，用靠尺刮平，并用抹子抹平。

（4）铺贴时要将锦砖铺在木板上，砖面朝上，往砖缝里灌白水泥素浆，如果是彩色锦砖，则应灌彩色水泥。

（5）缝灌完后要抹上厚1~2mm的素水泥浆或聚合物水泥浆的粘结灰浆，最后将4边余灰刮掉，对准横竖弹线，逐张往墙上贴。

（6）在铺贴锦砖的过程中，必须掌握好时间，其中抹墙面黏结层、抹锦砖粘接灰浆、往墙面上铺

贴这3步工序必须紧跟，如果时间掌握不好，等灰浆干结脱水后再贴，就会导致粘结不牢而出现脱粒现象。

（7）锦砖贴完后，将拍板紧靠衬网面层，用小锤敲木板，做到满拍、轻拍、拍实、拍平，使其粘结牢固、平整。

（8）锦砖铺贴30min后，可用长毛刷蘸清水润湿锦砖面网，待纸面完全湿透后，自上而下将纸揭开。

（9）揭网时，手执上方面网两角，揭开角度要与墙面平行一致，保持协调，以免带动锦砖砖粒。

（10）揭网后，应认真检查缝隙的大小平直情况，如果缝隙大小不均匀，横竖不平直，必须用钢片刀拨正调直。

（11）拨缝必须在水泥初凝前进行，先调横缝，再调竖缝，达到缝宽一致且横平竖直。

（12）擦缝先用木抹板将近似锦砖颜色的填缝剂抹入缝隙，再用刮板将填缝剂往缝隙里刮实、刮满、刮严，最后用抹布将表面擦净。

（13）遗留在缝隙里的浮砂，可用潮湿且干净的软毛刷轻轻带出来，如果需要清洗锦砖表面，应

待勾缝材料硬化后进行。

（14）注意将电路暗盒部位的锦砖裁切掉，并保留电路暗盒开口。

（15）面层干燥后，表面涂刷1遍防水剂，避免起碱，这样更美观，地面锦砖铺贴完成后，24h内不能踩踏。

---

⑯ 补充要点

新型锦砖

　　新型锦砖表面没有粘贴保护纸，但是背面粘贴着透明网，铺贴方法与普通的墙面砖一致，直接上墙铺贴即可。新型锦砖铺装后表面不需要揭网或揭纸，其中小块锦砖就不会随意脱落，这也提高了施工效率与施工质量。

第二节　地面砖铺装

　　地面砖一般为高密度瓷砖、抛光砖、玻化砖等，铺贴的规格较大，不能有空鼓存在，铺贴厚度也不能过高，避免与地板铺设形成较大落差，因此，地面砖铺贴难度相对较大（图4-4a）。

---

⑯ 补充要点

地面砖

1. 地砖可以由多种颜色组合，尤其是釉面颜色不同的地砖可以随机组合铺装，留缝铺装是现在流行的趋势，适用于仿古地砖，它主要强调历史的回归。

2. 地砖釉面处理得凹凸不平，直边也做成腐蚀状，铺装时要留出必要的缝隙并用彩色水泥填充，这样可使整体效果统一，同时也强调了凝重的历史感。

3. 地砖铺贴时可采用45°斜铺与垂直铺贴相结合，这会使地面铺装效果显得更丰富，也活跃了环境氛围。

一、施工方法

（1）清理地面基层，铲除水泥疙瘩，平整墙角，但不要破坏楼板结构，选出具有色差的砖块。

（2）配置1:2.5水泥砂浆待干，对铺贴墙面洒水，放线定位，精确测量地面转角与开门出入口的尺寸，并对瓷砖作裁切[图4-3(b)、图4-3(c)]。

（3）普通瓷砖与抛光砖仍须浸泡在水中3~5小时后取出晾干，将地砖预先铺设并依次标号。

（4）在地面上铺设平整且黏稠度较干的水泥砂浆，依次将地砖铺贴在地面上，保留缝隙根据瓷砖特点来定制[图4-3(d)~图4-3(f)]。

（5）采用专用填缝剂填补缝隙，使用干净抹布将瓷砖表面的水泥擦拭干净，养护待干。

二、施工要点

（1）地砖铺设前必须全部开箱挑选，选出尺寸误差大的地砖单独处理或是分空间、分区域处理，选出有缺角或损坏的砖重新切割后用来镶边或镶角，有色差的地砖可以分区使用。

（2）地砖铺贴前应经过仔细测量，再通过计算机绘制铺设方案，统计出具体地砖数量，以排列美观与减少损耗为目的，并重点检查空间内部的几何尺寸是否整齐。

（3）铺贴之前要在横竖方向拉十字线，贴的时候横竖缝必须对齐，贯通不能错缝，地砖缝宽1mm，不能大于2mm，施工过程中要随时检查[图4-3（g）]。

（4）施工前应在地面上刷1遍素水泥浆或直接洒水，注意不能积水，防止通过楼板缝渗到楼下。

（5）对已经抹光的地面需进行凿毛处理，当地面高差超过20mm时要用1∶2水泥砂浆找平，普通瓷质砖在铺贴前要充分浸水后才能使用。

（6）配置1∶2.5水泥砂浆铺贴，砂浆应是干性，手捏成团稍出浆，粘接层厚度应大于12mm，灰浆饱满，不能空鼓[图4-3（h）、图4-3（i）]。

（7）地砖铺设时，应随铺随清，随时保持清洁干净，地砖铺贴的平整度要用1m以上的水平尺检查，相邻地砖高度误差应小于1mm。

（8）要注意地砖是否需要拼花或是按统一方

向铺贴，切割地砖一定要准确，预留毛边位后打磨平整、光滑。

（9）门套、柜底边等处的交接一定要严密，缝隙要均匀，地砖边与墙交接处缝隙应小于5mm。

（10）地砖铺贴施工时，其他工种不能污染或踩踏，地砖勾缝在24h内进行，随做随清，并做养护与一定保护措施，地砖空鼓现象，要控制在1%以内，在主要通道上的空鼓必须返工[图4-3（j）、图4-3（k）]。

（11）墙地砖对色要保证2m处观察不明显，平整度须用2m水平尺检查，高差应小于2mm，砖缝控制在2mm以内，时刻保持横平竖直[图4-3（l）、图4-3（m）]。

（12）对于面积不大的阳台、卫生间，其倾向地漏的地面坡度以1%为宜，在地漏与排水管部位，应采用切割机仔细裁切砖块的局部，使之与管道构造完全吻合，并在缝隙处擦入填缝剂[图4-3（n）]。

（13）地砖铺设后应保持清洁，不能有铁钉、泥沙、水泥块等硬物，以防划伤地砖表面，乳胶漆、油漆等易污染工序，应在地面铺设珍珠棉加胶合板后方可操作，并随时注意防止污染地砖表面。

（14）乳胶漆落地漆点，在10min内用湿毛巾清洁，防止干硬后不易清洁，铺贴门界石与其周围砖时应加防水剂到水泥砂浆中铺贴。

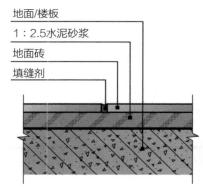

（a）地面砖铺装构造示意图

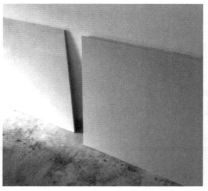

（b）选砖

（c）抛光砖裁切

（d）干湿砂浆　　　　　（e）铺装干质砂浆　　　　　（f）铺装湿质砂浆

（g）放线定位　　　（h）铺装地砖　　　（i）橡皮锤敲击　　　（j）擦入填缝剂

（k）边角对齐　　　（l）水平尺校正　　　（m）仿古砖保留缝隙　　　（n）预留构造裁切

图4-3　地面砖铺装

图4-3（a）：地面砖铺装时应先采用1：2.5水泥砂浆进行基础处理，处理后再铺贴地面砖，填缝剂要提前准备好，铺贴后要注意周边清洁。

图4-3（b）：大块抛光砖、玻化砖不必浸泡，但要仔细挑选花色，可将无色差或色差小的砖块铺装在可见区域，将有色差的砖块铺装在沙发或家具底部。

图4-3（c）：对于需要拼接或者转角的区域，可使用抛光砖切割器进行裁切，抛光砖切割器使用方便、快捷，切口整齐、光洁，是现代施工的必备工具。

图4-3（d）：干质砂浆铺装在地面，湿质砂浆铺装在地面砖背后，砂浆的干湿度应根据环境气候把握好。

图4-3（e）：铺装干质砂浆前，应对地面洒水润湿，砂浆应铺装均匀、平整，厚度约20mm。

图4-3（f）：湿质砂浆应铺装在砖块背面，厚度约20mm，周边应形成坡状倒角。

图4-3（g）：铺装时应保持放线定位，时刻控制铺装的厚度。

图4-3（h）：铺装大块地面砖时应两人合作，将砖块平稳摆放在水泥砂浆上。

图4-3（i）：橡皮锤敲击点主要在两块砖之间的接缝处，以此来保持两砖之间的平整度。

图4-3（j）：随时用干净抹布擦净砖块表面污迹，并将填缝剂擦入缝隙中。

图4-3（k）：铺贴时要特别注意多块砖之间的接缝，应保持严格的平整度。

图4-3（l）：铺装地面砖时应随时采用水平尺校正铺装的平整度。

图4-3（m）：仿古砖的缝隙应保持均衡，随时擦入填缝剂，4块砖之间的缝隙应保持平齐。

图4-3（n）：对于排水管、地漏等地面构造处铺贴地面砖时，应采用切割机精确裁切，并使地漏位于地面最低点。

📘 补充要点

石材地面铺装

　　石材地面铺装方法与地砖相当，需要采用橡皮锤仔细敲击平整，但人造石材强度不高，不适用于地面铺装。天然石材墙面干挂的关键在于预先放线定位与后期微调，应保证整体平整明显接缝，此外，用于淋浴区墙面铺装的石材，应在缝隙处填补硅酮玻璃胶。

第三节 石材铺装

石材的墙地面铺装施工方法与墙地砖基本一致，但石材自重较大，且较厚，因此，墙面铺装方法有所不同，局部墙面铺装可以采用石材粘接剂粘贴，大面积墙面铺装应采取干挂法施工。

一、天然石材施工

天然石材质地厚重，在施工中要注意强度要求，墙面干挂施工适用于面积较大的室外墙面装修[图4-4（a）]。

1. 施工方法

（1）根据设计在施工墙面放线定位，通过膨胀螺栓将型钢固定至墙面上，安装成品干挂连接件。

（2）对天然石材进行切割，根据需要在侧面切割出凹槽或钻孔[图4-4（b）、图4-4（c）]。

（3）采用专用连接件将石材固定至墙面龙骨架上。

（4）调整板面平整度，在边角缝隙处填补密封胶，进行密封处理。

2. 施工要点

（1）在墙上布置钢骨架，水平方向的角形钢必须焊在竖向4#角钢上，并按设计要求在墙面上制成控制网，由中心向两边制作，应标注每块板材与挂件的具体位置[图4-4（d）]。

（2）安装膨胀螺栓时，按照放线的位置在墙面上打出膨胀螺栓的孔位，孔深以略大于膨胀螺栓套管的长度为宜，埋设膨胀螺栓并紧固。

（3）挂置石材时，应在上层石材底面的切槽与下层石材上端的切槽内涂石材结构胶，注胶时要均匀，胶缝应平整饱满，也可稍凹于板面，并按石材的出厂颜色调成色浆嵌缝，边嵌边擦干净，以使缝隙密实均匀、干净颜色一致[图4-4（e）、图4-4（f）]。

（4）清扫拼接缝后即可嵌入聚氨酯胶或填缝剂，仔细微调石材之间的缝隙与表面的平整度。

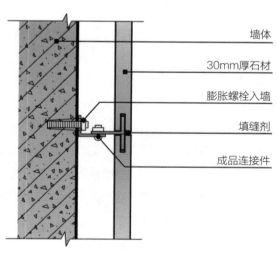

（a）墙面石材干挂构造示意图

（b）墙面石材干挂连接件

（c）石材加工

（d）涂刷防锈漆

（e）涂刷结构胶

（f）保留缝隙

图4-4 天然石材施工

图4-4（a）：质地较重的天然石材在进行干挂施工时需要选择合适的配套工具，并检查是否有遗漏部件。

图4-4（b）：墙面石材干挂连接件多为镀锌产品，容易生锈，最好选择不锈钢产品。

图4-4（c）：施工前需要采用切割机在石材侧面切割出凹槽，供连接件安装。

图4-4（d）：墙面骨架安装时，也会采用焊接构造，焊接后应涂刷防锈漆。

图4-4（e）：干挂连接件周边应涂抹石材专用结构胶，进一步强化安装结构。

图4-5（f）：干挂石材之间应保留均衡的缝隙，可暂时用木板或嵌入木屑定型。

二、人造石材施工

现代装饰中多采用聚酯型人造石材，表面光洁，但是厚度一般为10mm，不方便在侧面切割凹槽［图4-5（a）］。

1. 施工方法

（1）清理墙面基层，必要时用水泥砂浆找平墙面，并作凿毛处理，根据设计在施工墙面放线定位。

（2）对人造石材进行切割，并对应墙面铺贴部位标号。

（3）调配专用石材粘接剂，将其分别涂抹至人造石材背部与墙面，将石材逐一粘贴至墙面，也可以采用双组份石材干挂胶，以点涂的方式将石材粘贴至墙面［图4-5（b）、图4-5（c）］。

（4）调整板面平整度，在边角缝隙处填补密封胶，进行密封处理。

2. 施工要点

（1）人造石材粘贴施工虽然简单，但是粘接剂成本较高，一般适用于小面积墙面施工，不适合地面铺装。

（2）施工前，粘贴基层应清扫干净，去除各种水泥疙瘩，采用1∶2水泥砂浆填补凹陷部位，或对墙面作整体找平［图4-5（d）］。

（3）墙面不应残留各种污迹，尤其是油漆、纸张、金属、石灰等非水泥砂浆材料，不能将人造石材直接粘贴在干挂天然石材表面或墙面砖铺装表面。

（4）粘接剂应选用专用产品，一般为双组份粘接剂，根据使用说明调配，部分产品需要与水泥调和使用，调和后将粘接剂用粗锯齿抹子抹成沟槽状，均匀刮涂石材背面与粘贴界面上，以增强吸附力，粘接剂要均匀饱满。

（5）部分产品为直接使用，可采取点胶的方式涂抹在人造石材背面，点胶的间距应小于200mm，点胶后静置3～5min再将石材粘贴至墙面上，施工完毕后应养护7天以上［图4-5（e）、图4-5（f）］。

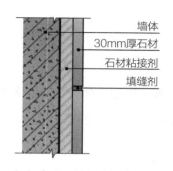

（a）墙面石材粘贴构造示意

（b）石材墙面粘贴

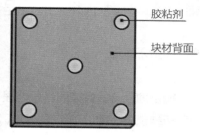

（c）块材背后点胶示意图

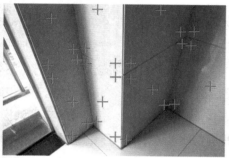

（d）水泥砂浆找平

（e）石材涂胶位置

（f）石材阳角处接缝

图4-5 人造石材施工

图4-5（a）：由于人造石材的强度不及天然石材，因此，不宜采取干挂的方式施工，多会采用石材粘接剂粘贴施工。

图4-5（b）：调和粘接剂后平刮在墙面，尽量平整均匀，将石材铺装至墙面，并敲击平整。

图4-5（c）：石材胶粘剂呈点状分布，力求人造石材的每一个角点都可具备粘接能力。

图4-5（d）：为了保证铺贴时的整体平整度，找平层的水泥砂浆可呈点状均匀分布于待施工面，并利用抹子将其抹平。

图4-5（e）：每块石材背后的涂胶位置一般为4个边角点与中央点。

图4-5（f）：石材阳角接缝应当整齐紧密，内侧作45°倒角，外侧保持直角。

三、石材施工一览（表4-1）

表4-1　　　　　　　　石材铺装施工一览表（以下价格包含人工费、辅材和主材）

类别	图示	性能特点	用途	价格 /（元 / 米²）
干挂铺装		铺装平整，可以任意修补、调整，需保留一定缝隙	高度达 6m 以上的室外墙面铺装	200 ～ 300
干贴铺装		铺装平整，铺装层厚度较小，耐候性较弱	高度达 6m 以下的室内外墙面铺装	150 ～ 200
点胶铺装		铺装平整，铺装层厚度较小，耐候性较弱，纵向承载力弱	高度达 4m 以下且转角造型角度的建筑内部墙面铺装	100 ～ 150

第四节　其他地面工程

一、地毯铺设

铺设地毯一般会按照基层处理→地毯剪裁→钉倒刺板挂毯条→铺设防潮垫→铺设地毯→细部处理及清理的施工工序进行（图4-6）。

具体施工要点如下：

（1）地毯铺设前要选择合适材质的地毯，要明确地毯加工前的材料含量、加工工艺以及胶垫容重。

（2）铺设地毯前必须对施工基层进行找平处理，一般会采用水泥砂浆对其找平，找平层的厚度要依据地毯与胶垫落差来定，注意只有待水泥砂浆完全干透后，才可铺设地毯。

（3）地毯铺设时应保证表面平服，无起鼓翘边，且图案拼花也需正确无误，绒面顺光应保持一致。

（4）施工时需注意地毯与大理石不得直接拼接，条件允许的情况下可采用过渡材料进行拼接收口，如不锈钢条、铜条等，地毯收口处绒毛一般应高出过渡材料5mm。

（5）地毯铺设完成后应立即采取成品保护措施，可在其表面放置纸盒或者塑料布，注意不可放置重物。

（6）地毯与踢脚线、墙边、柱子收口处周围的衔接应当顺直，且必须压紧其接缝处。

二、实木地板铺设施工工艺

实木地板铺设可按照安装地龙骨→撒防蛀粉→安装防潮多层板→铺贴防潮膜→铺设实木地板的施工工序进行（图4-7）。

具体施工要点如下：

（1）实木地板安装时要预留伸缩缝，这是为了给潮湿季节的木地板预留膨胀空间，一般实木地板与墙壁之间的伸缩缝在10mm左右，地板间缝隙不超过1mm，密度较高的实木地板铺设时，每块应留有0.4mm的间隙，以防起拱。

（2）实木地板铺设时必须在其底部铺设防潮膜，且在接口处互叠，并用胶布粘贴防止灰尘和水汽进入。

（3）铺设实木地板时木搁栅应弹线，弹线应横平竖直，一般应按300～400mm距离打孔，并预埋丝杆，注意调整丝杆、调平龙骨基层，固定木搁栅时不得损坏预埋管线，木搁栅与墙缝隙要在30mm左右。

（4）实木地板的踢脚线应选用表面光滑，接缝严密的，踢脚线与面层的接缝应在1mm左右。

三、淋浴房地面石材施工

淋浴房地面石材施工比较简单，按照地面清理→水泥浆结合层施工→铺贴地面石材→养护→晶面处理的施工工序即可（图4-8）。

具体施工要点如下：

（1）淋浴房在铺贴地面石材前应先制作挡水槛，挡水槛一般采用混凝土砂浆浇筑而成，挡水槛与地面接触位置必须作弧形翻边，所制作的挡水槛

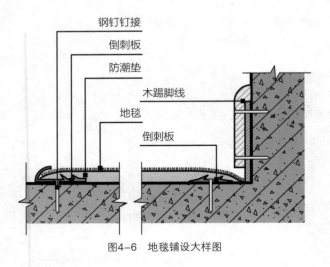

钢钉钉接
倒刺板
防潮垫
木踢脚线
地毯
倒刺板

图4-6　地毯铺设大样图

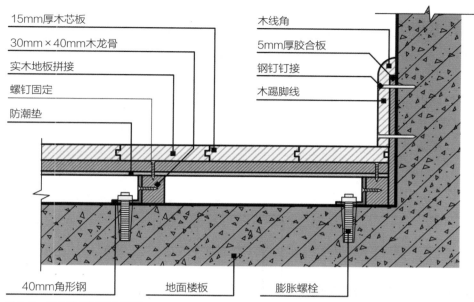

图4-7 实木地板铺设大样图

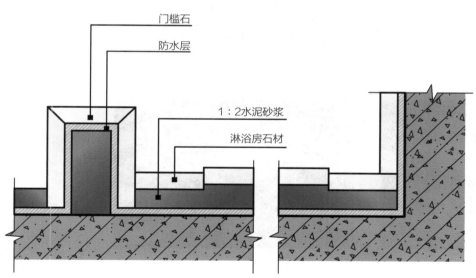

图4-8 淋浴房门槛石铺装大样图

完成面高度应比石材地面低30mm。

（2）在正式铺贴地面石材之前，还需对淋浴房的挡水槛阴角处进行柔性防水处理，且等挡水槛阴角处防水干透后还需进行二次大面防水施工工作。

四、厨房、卫生间门槛石铺设工艺

厨房、卫生间铺设门槛石可按照地面清理→水

泥湿浆结合层施工→铺贴门槛石→养护→晶面处理的施工工序进行（图4-9）。

具体施工要点如下：

（1）铺设门槛石之前必须先设置挡水槛，挡水槛通常会采用细石水泥砂浆浇筑，挡水槛完成面高度需低于石材地面30mm，且挡水槛与地面接触位置需作弧形翻边。

（2）在铺贴门槛石之前，还需对挡水槛阴角

处以及挡水槛表面做柔性防水处理。

（3）厨房、卫生间铺贴门槛石一般应采用湿铺工艺，这是为了预防淋浴用水落地后向外渗透，导致外部空间变得潮湿。

（4）为了避免厨房和卫生间的门套因受潮而发霉，门套及门套线必须安装在门槛石上，且门套根部需预留2~3mm的缝隙，缝隙处应采用耐候胶封闭。

（5）门槛石一般应居中铺设，门洞两边石材未覆盖的区域应用湿浆抹平，这一工程需与门槛石同时施工完成。

不论是地毯铺设还是门槛石铺设，在施工时均应选择合适的材料，严格按照施工要求施工（图4-10~图4-13）。

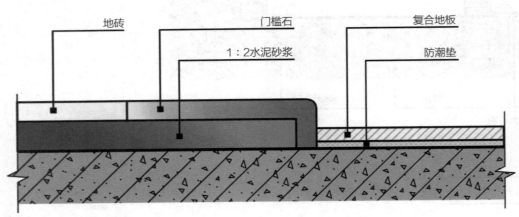

图4-9　门槛石铺设大样图

图4-10　地毯铺设

图4-11　实木地板铺设

图4-12　淋浴房地面石材铺设

图4-13　门槛石铺设

Ⓢ 本章小结

铺装施工的关键在于对齐多块木地板或地砖之间的缝隙，抛光砖、玻化砖等高精度砖材应当保持紧密铺装，普通瓷质砖应保留1mm左右的缝隙，以备日后砖材发生缩胀。此外，裱糊类墙面的施工也需依据空间面积选择合适图案和大小的墙纸或墙布，这对于最终的装饰效果将会有很大的影响。

Ⓟ 课后练习

1. 分点叙述墙面砖铺装的施工方法和施工要点。
2. 分点说明裱糊类墙面的施工要点和具体的注意事项。
3. 结合实例详细说明锦砖铺装的施工方法和施工要点。
4. 分点说明地面砖铺装的施工方法和施工要点。
5. 天然石材如何施工？具体施工要点有哪些？
6. 人造石材如何施工？施工时需要注意哪些事项？
7. 地毯应如何铺设？
8. 实木地板铺装时要注意哪些事项？
9. 地毯、淋浴房地面石材以及门槛石的具体施工要点有哪些？

第五章

建筑构造施工

教学视频
（扫码下载）

PPT 课件
（扫码下载）

» **学习难度**：★★★★★

» **重点概念**：墙体构造制作、吊顶构造制作、基础木质构造制作

» **章节导读**：构造施工的工作量较大，施工周期最长，主要涵盖墙体构造、吊顶构造以及基础木质构造施工，构造工艺所涉及门类和工种较多，施工要求设计人员和施工人员均具备比较强的综合素质和专业素养，同时设计人员和施工人员对于施工工艺还需能熟练掌握，并能具备比较全面的操作技能，本章将重点讲解建筑内部空间构造的施工工作。

第一节 墙体构造制作

砌筑隔墙比较厚重，适用于需要防潮与承重的部位，应用更多的是非砌筑隔墙，主要包括石膏板隔墙、玻璃砖隔墙及玻璃隔墙，此外，还需根据不同设计审美的要求，在墙面上制作各种装饰造型，如木质墙面造型、软包墙面造型等。

一、石膏板隔墙

石膏板隔墙可用于不同功能的空间分隔，而砖砌隔墙较厚重，成本高，工期长，除了特殊需要外，已经很少采用了。大面积平整纸面石膏板隔墙采用轻钢龙骨作基层骨架，小面积弧形隔墙可以采用木龙骨与胶合板饰面（图5-1）。

1. 施工方法

（1）清理基层地面、顶面与周边墙面，分别放线定位，根据设计造型在顶面、地面、墙面钻孔，放置预埋件。

（2）沿着地面、顶面与周边墙面制作边框墙筋，并调整到位。

（3）分别安装竖向龙骨与横向龙骨，并调整到位。

（4）将石膏板竖向钉接在龙骨上，对钉头作防锈处理，封闭板材之间的接缝，并全面检查。

Ｒ **补充要点**

木龙骨石膏板隔墙开裂的原因

木龙骨石膏板隔墙开裂主要是由于木龙骨含水率不均衡，完工后易变形，造成石膏板受到挤压以致开裂，同时，石膏板之间接缝过大，封条不严实也会造成开裂。此外，建筑自身的混凝土墙体结构质量不高，时常发生物理性质变化，如膨胀或收缩，这些都会造成木龙骨石膏板隔墙开裂。

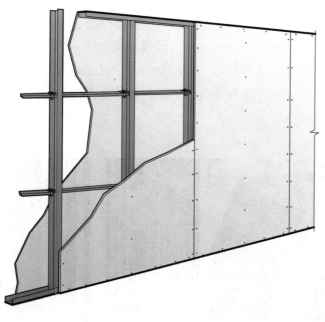

（a）立体面

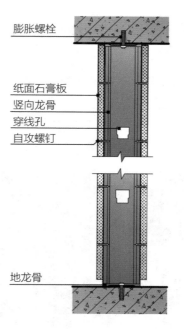

膨胀螺栓
纸面石膏板
竖向龙骨
穿线孔
自攻螺钉
地龙骨

（b）剖面图

图5-1 纸面石膏板隔墙构造示意图

2. 施工要点

（1）隔墙的位置放线应按设计要求，沿地、墙、顶弹出隔墙的中心线及宽度线，宽度线应与隔墙厚度一致，位置应准确无误。

（2）安装轻钢龙骨时，应按弹线位置固定沿地、沿顶龙骨及边框龙骨，龙骨的边线应与弹线重合。

（3）轻钢龙骨的端部应安装牢固，龙骨与基层的固定点间距应小于600mm，安装沿地、沿顶轻钢龙骨时，应保证隔断墙与墙体连接牢固［图5-2（a）、图5-2（b）］。

（4）安装竖向龙骨应随时校对垂直，潮湿的空间与钢丝网抹灰墙，龙骨间距应小于400mm。

（5）安装支撑龙骨时，应先将支撑卡口件安装在竖向龙骨的开口方向，卡口件距以400～600mm为宜，距龙骨两端的距离宜为20～25mm。

（6）安装贯通龙骨时，高度大于3m的隔墙安装1道，3～5m高的隔墙安装2道。

（7）安装饰面板前，应对龙骨进行防火处理，饰面板接缝处如果不在龙骨上时，应加设龙骨固定饰面板。

（8）骨架隔墙在安装饰面板前应检查骨架的牢固程度，墙内设备管线及填充材料的安装是否符合设计要求。

（9）安装木龙骨时，木龙骨的横截面面积及纵、横间距应符合设计要求，在门窗或特殊节点处安装附加龙骨时应符合设计要求［图5-2（c）、图5-2（d）］。

（10）木龙骨安装时，骨架横、竖龙骨宜规格为50mm×70mm，采用开口方结构，涂抹白乳胶，加钉固定，如有隔音要求，可以在龙骨间填充各种隔音材料［图5-2（e）～图5-2（g）］。

（11）安装纸面石膏板宜竖向铺设，长边接缝应安装在竖龙骨上，龙骨两侧的石膏板及龙骨一侧的双层板的接缝应错开安装，不能在同一根龙骨上接缝［图5-2（h）］。

（12）安装石膏板时，应从板材的中部向板的四周固定，钉头略埋入板内，但不得损坏纸面，钉头应进行防锈处理，石膏板与周围墙或柱应留有宽度为3mm的槽口，以便进行防开裂处理［图5-2（i）～图5-2（k）］。

（13）轻钢龙骨应用自攻螺钉固定，木龙骨应用普通螺钉固定，沿石膏板周边钉接间距应小于200mm，钉与钉的间距应小于300mm，螺钉与板边的距离应为10～15mm。

（14）安装胶合板饰面前应对板材的背面进行防火处理，胶合板与轻钢龙骨的固定应采用自攻螺钉，与木龙骨的固定采用气排钉或马口钉，钉距宜为80～100mm。

（15）隔墙的阳角处应做护角，护角材料为木质线条、PVC线条、金属线条均可，木质线条的固定点间距应小于200mm，PVC线条与金属线条可采用硅酮玻璃胶或强力万能胶粘贴。

（a）轻钢龙骨

（b）轻钢龙骨边框

（c）轻钢龙骨基础

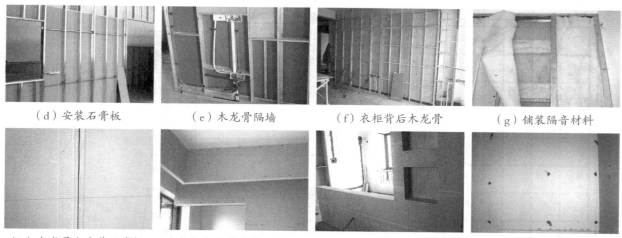

（d）安装石膏板　　（e）木龙骨隔墙　　（f）衣柜背后木龙骨　　（g）铺装隔音材料

（h）木龙骨上安装石膏板　　（i）轻钢龙骨安装石膏板　　（j）石膏板隔墙完毕　　（k）涂刷防锈漆

图5-2　石膏板隔墙施工

图5-2（a）：竖向龙骨安装应保持绝对垂直，并采用铅垂线、水平仪反复定位校正。

图5-2（b）：边龙骨采用膨胀螺栓安装在顶、墙、地面上，竖向龙骨与顶面龙骨间应采用螺丝固定。

图5-2（c）：转角部位采用规格较大的龙骨，或采用型钢作支撑。

图5-2（d）：横向贯通龙骨主要用于保持竖向龙骨平行，同时还可用于传线管。

图5-2（e）：木龙骨之间应当采用不同规格木质板材与龙骨交替支撑，甚至用板材作局部覆面支撑。

图5-2（f）：衣柜背后增设木龙骨主要是用于制作隔音层，以此增强卧室内部隔音效果。

图5-2（g）：木龙骨厚度一般为40～60mm，其间可以铺装隔音棉，以此来提高隔墙的隔音效果。

图5-2（h）：木龙骨上的石膏板可采用气排钉固定，并保留2～3mm的缩胀缝。

图5-2（i）：轻钢龙骨安装石膏板时，自攻螺钉的间距应保持一致，横向保持错落。

图5-2（j）：石膏板可与木质板材混搭，但是大面积施工时仍应当以石膏板为主。

图5-2（k）：石膏板隔墙制作完毕后，应及时在各种钉头部位涂刷防锈漆。

二、玻璃砖隔墙

　　玻璃砖晶莹透彻，装饰效果独特，在灯光衬托下显得特别精致，是现代建筑局部装饰的亮点所在。

1. 空心玻璃砖砌筑

　　空心玻璃砖砌筑施工难度大，属于较高档次的铺装工程，一般用于卫生间、厨房、门厅、走道等处的隔墙，可作为封闭隔墙的补充（图5-3）。

　　（1）施工方法。

　　①清理砌筑墙、地面基层，铲除水泥疙瘩，平整墙角，但不要破坏防水层，在砌筑周边安装预埋件，并根据实际情况采用型钢加固或砖墙砌筑。

　　②选出用于砌筑的玻璃砖，并备好网架钢筋、支架垫块、水泥或专用玻璃胶待用（图5-4、图5-5）。

　　③在砌筑范围内放线定位，从下向上逐层砌筑玻璃砖，户外施工要边砌筑边设置钢筋网架，使用水泥砂浆或专用玻璃胶填补砖块之间的缝隙（图5-6、图5-7）。

　　④采用玻璃砖专用填缝剂填补缝隙，使用干净抹布将玻璃砖表面的水泥或玻璃胶擦拭干净，养护待干，必要时对缝隙作防水处理。

　　（2）施工要点。

　　①玻璃砖墙体施工时，环境温度应高于5℃，一般适宜的施工温度为5～30℃，在温差较大的地区，玻璃砖墙施工时需预留膨胀缝。

　　②用玻璃砖制作浴室隔断时，也要求预留膨胀缝，砌筑大面积外墙或弧形内墙时，还要考虑墙面的承载强度与膨胀系数。

　　③玻璃砖墙宜以1500mm高为1个施工段，待

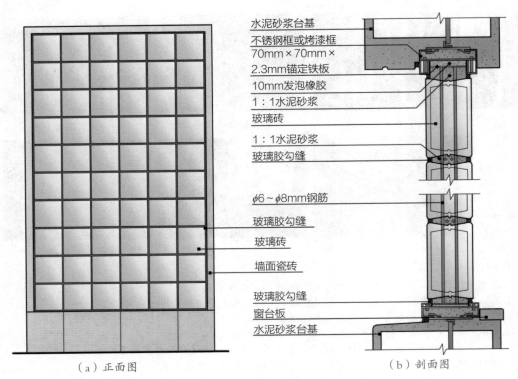

水泥砂浆台基

不锈钢框或烤漆框
70mm×70mm×
2.3mm锚定铁板

10mm发泡橡胶

1：1水泥砂浆

玻璃砖

1：1水泥砂浆

玻璃胶勾缝

φ6～φ8mm钢筋

玻璃胶勾缝

玻璃砖

墙面瓷砖

玻璃胶勾缝

窗台板

水泥砂浆台基

（a）正面图　　　　　　　　　　　（b）剖面图

图5-3　玻璃砖砌筑构造示意图

图5-4　玻璃砖堆放

图5-4：玻璃砖堆放高度不能超过5箱，以免放置时出现挤压破损的状况。

图5-5　空心玻璃砖选择

图5-5：打开包装后挑选颜色、纹理一致的砖块，放在同一部位砌筑，能有效避免色差。

图5-6　空心玻璃砖砌筑

图5-6：空心玻璃砖砌筑时应穿插钢筋，保证砌筑构造稳固坚挺。

图5-7　砖砌填补空间

图5-7：在较窄空间内砌筑玻璃砖时，应将空余墙体部位采用轻质砖或砌块填补，并作抹灰找平。

下部施工段胶结材料达到承载要求后，再进行上部施工，当玻璃砖墙面积过大时，应增加支撑。

④室外玻璃砖墙的钢筋骨架应与原有建筑结构牢固连接，墙基高度一般应低于150mm，宽度应比玻璃砖厚20mm。

⑤玻璃砖隔墙的顶部与两端应使用金属型材加固，槽口宽度要比砖厚度多10～18mm。

⑥当隔墙的长度或高度大于1500mm时，砖间应增设6～8mm钢筋，用于加强结构，玻璃砖墙的整体高度应低于4000mm。

⑦玻璃砖隔墙两端与金属型材两翼应留有大于4mm的滑动缝，缝内用泡沫填充，玻璃砖隔墙与金属型材腹面应留有大于10mm的胀缝，以适应热胀冷缩。

⑧玻璃砖最上面一层砖应伸入顶部金属型材槽口内10～25mm，以免玻璃砖因受刚性挤压而破碎。

⑨玻璃砖之间接缝宜在10～30mm，且与外框型材，以及型材与建筑物的结合部位，都应用弹性泡沫密封胶密封。

⑩玻璃砖应排列整齐、表面平整，用于嵌缝的密封胶应饱满密实（图5-8）。

⑪玻璃胶粘结玻璃砖后会与空气接触，氧化变黄。劣质白水泥容易发霉、生虫，色彩显得灰脏，而卫生间或厨房的玻璃砖隔墙受油烟与潮气影响较大，最好采用优质胶凝材料。

⑫每砌完一层后要用湿抹布将砖面上的剩余水泥砂浆擦去（图5-9、图5-10）。

2. 玻璃砖砖缝填补

玻璃砖砌筑完成后，应采用白水泥或专用填缝剂对砖体缝隙进行填补，经过填补的砖缝能遮挡内部钢筋与灰色水泥，具有良好的视觉效果。

（1）施工方法。

①将砌筑好的玻璃砖墙表面擦拭干净，保持砖缝整洁，深度一致。

②将白水泥或专用填缝剂加水调和成黏稠

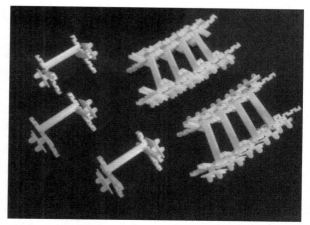

图5-8 成品支架垫块

图5-8：成品支架垫块是玻璃砖隔墙施工中重要的辅助材料与工具，它能使整个砌筑施工变得简单易行，能校正玻璃砖尺寸误差，也使缝隙做到横平竖直，更加美观。

图5-9 普通水泥砌筑

图5-9：砌筑时，要将挤出的水泥砂浆刮平整，不要污染玻璃砖表面，砖缝要用成品夹固定，保持缝隙均匀。

图5-10 白水泥砌筑

图5-10：白水泥具有较高的亮度，使用白水泥砌筑玻璃砖时应将缝隙填补完整，不能存在孔洞。

状，搅拌均匀，静置20min以上。

③采用小平铲将调和好的填补材料刮入玻璃砖缝隙。

④待未完全干时，将未经调和的干粉状白水泥或专用填缝剂撒在缝隙表面，或用干净的抹布将其擦入缝隙。

（2）施工要点。

①砖缝填补应特别仔细，施工前采用湿抹布将玻璃砖砌筑构造表面擦拭干净，如果表面残留已干燥的水泥砂浆，应采用小平铲仔细刮除，不能破坏玻璃砖。

②专用填缝剂的质量参差不齐，应选用优质品牌产品，如果需要在白水泥与填缝剂中调色，应选用专用矿物质色浆，不能使用广告粉颜料。

③在厨房、卫生间等潮湿区域砌筑的玻璃砖隔墙，还需采用白色中性硅酮玻璃胶覆盖缝隙表面，玻璃胶施工应待基层填缝剂完全干燥后再操作，缝隙边缘应粘贴隔离胶带，防止玻璃胶污染玻璃砖表面。

④玻璃砖的砖缝填补方法也适用于其他各种铺装砖材的缝隙处理，尤其适用于墙面砖与地面砖之间的接头缝隙，能有效保证地面积水不渗透到墙地砖背面，造成砖体污染或渗水。

⑤加水调和后的填补材料应充分搅拌均匀，静置20min以上，让其充分熟化。

⑥将填补材料刮入玻璃砖缝隙时应严密紧凑，刮入力量适中，小平铲不能破坏玻璃砖表面，刮入填补材料后，保证缝隙表面与砖体平齐，不能有凸凹感（图5-11、图5-12）。

三、玻璃隔墙

玻璃隔墙用于分隔隐私性不太明显的空间，如厨房与餐厅之间的隔墙、书房与走道之间的隔墙、主卧与卫生间之间的隔墙以及卫生间内淋浴区与非淋浴区之间的隔墙等［图5-13（a）］。

1. 施工方法

（1）清理基层地面、顶面与周边墙面，分别放线定位，根据设计造型在顶面、地面、墙面上钻孔，放置预埋件。

（2）沿着地面、顶面与周边墙面制作边框墙筋，并调整边框墙筋的尺寸、位置、形状。

（3）在边框墙筋上安装基架，并调整到位，在安装基架上测定玻璃安装位置线及靠位线条。

（4）将玻璃安装到位，钉接压条，全面检查固定。

2. 施工要点

（1）基层地面、顶面与周边墙面放线应清

图5-11 调配填缝剂

图5-11：调和填缝剂时应均匀，不能存在疙瘩，调和后应静置让其充分熟化。

图5-12 砖缝填补完毕

图5-12：填缝应紧密，表面光洁而不污染玻璃砖表面，整体效果才更完美。

晰、准确，隔墙基层应平整牢固，框架安装应符合设计与产品组合的要求 [图5-13（b）、图5-13（c）]。

（2）安装玻璃前应对骨架、边框的牢固程度进行检查，如不牢固应进行加固，玻璃分隔墙的边缘不能与硬质材料直接接触，玻璃边缘与槽底空隙应大于5mm。

（3）玻璃可以嵌入墙体，并保证地面与顶部的槽口深度，当玻璃厚度为6mm时，深度为8mm，当玻璃厚度为8～12mm时，深度为10mm。

（4）玻璃隔墙必须全部使用钢化玻璃与夹层玻璃等安全玻璃，钢化玻璃厚度应大于6mm，夹层玻璃厚度应大于8mm，对于无框玻璃隔墙，应使用厚度大于10mm的钢化玻璃。

（5）玻璃固定的方法并不多，一般可以在玻璃上钻孔，用镀铬螺钉、铜螺钉将玻璃固定在木骨架与衬板上，也可以用硬木、塑料、金属等材料的压条压住玻璃，如果玻璃厚度不大，也可以用玻璃胶将玻璃粘在衬板上固定。

（6）玻璃与槽口的前后空隙距离要控制好，当玻璃厚为5～6mm时，空隙为2.5mm，当玻璃厚为8～12mm时，空隙为3mm，这些缝隙应用弹性密封胶或橡胶条填嵌，压条应与边框紧贴，不能存在弯折、凸鼓。

（7）玻璃插入凹槽固定后，应采用木质线条或石膏板将槽口边缘封闭，有防水与防风要求的玻璃隔墙应在槽口边缘加注硅酮玻璃胶，一般应选用中性透明玻璃胶。

（8）如果对玻璃隔墙的边框没有特殊要求，玻璃隔墙的长边在2m以内，也可以订购成品铝合金框架固定玻璃窗，将玻璃窗框架直接镶嵌至预制的石膏板隔墙中即可。

（9）还可采用石膏板或木芯板制作框架支撑铝合金边框，这种施工方式是最简单实用的。

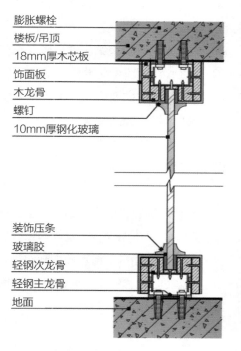

膨胀螺栓
楼板/吊顶
18mm厚木芯板
饰面板
木龙骨
螺钉
10mm厚钢化玻璃

装饰压条
玻璃胶
轻钢次龙骨
轻钢主龙骨
地面

（a）玻璃隔墙构造示意图

（b）放线定位

（c）制作边框龙骨

图5-13　玻璃隔墙施工

图5-13（a）：玻璃隔墙施工要分清轻钢主次龙骨，粘贴装饰压条的玻璃胶要选择品牌的。

图5-13（b）：顶面放线后可直接设置预埋件，位置应准确。

图5-13（c）：地面放线后可钉接木龙骨，并以此作为地面龙骨的基础。

四、木质墙面造型

木质墙面造型是指在墙体表面铺装木质板材，对原有砖砌墙体或混凝土墙体进行装饰。木质材料质地具有亲和力，色彩纹理丰富，具有隔音、保温效果，其中的夹层还能增加隔音材料或布置管线，具有装饰和使用两种功效 [图5-14（a）]。

1. 施工方法

（1）清理基层墙面、顶面，分别放线定位，根据设计造型在墙面、顶面钻孔，放置预埋件。

（2）根据设计要求沿着墙面、顶面制作木龙骨，作防火处理，并调整龙骨尺寸、位置、形状。

（3）在木龙骨上钉接各种罩面板，同时安装其他装饰材料、灯具与构造。

（4）全面检查固定，封闭各种接缝，对钉头作防锈处理。

2. 施工要点

（1）木质墙面造型运用的材料相对比较单一，因此对施工的精度要求更高。

（2）在易潮湿的部位，如与卫生间共用的隔墙或建筑外墙，应预先在墙面上涂刷防水涂料，或覆盖一层PVC防潮毡。

（3）木质墙面基层应选用木龙骨制作骨架，整面墙施工应选用50mm×70mm烘干杉木龙骨，局部墙面施工可选用30mm×40mm烘干杉木龙骨。

（4）将木龙骨制作成开口方构造框架，开口方部位涂抹白乳胶，加钉子钉接固定，纵、横向龙骨间距为300～400mm，弧形龙骨的制作方法与弧形胶合板吊顶龙骨一致 [图5-14（b）、图5-14（c）]。

（5）采用木龙骨制作的基层厚度应与木龙骨的边长相当，需要加大骨架厚度可以钉接双层木龙骨，或采用木芯板辅助支撑木龙骨，但基层骨架的厚度不宜超过150mm。

（6）基层龙骨制作完毕后应涂刷防火涂料，根据设计要求，可以在龙骨井格之间填充隔音材料，隔音材料的厚度不宜超过基层龙骨厚度。

（7）龙骨制作完毕后，可以在龙骨表面钉接各种木质面板，如实木扣板、木芯板、胶合板、纤维板等，木质面板的厚度应大于5mm。

（8）对于厚度小于5mm的薄木贴面板、免漆板、防火板、铝塑板，应预先钉接木芯板，再在木芯板上钉接或粘贴各种板材。

（9）钉接各种木质面板一般采用气排钉或马口钉，固定间距为50～100mm。

（10）如果木质墙面不安装其他重物，可直接采用钢钉将木龙骨固定在墙面上，固定点不宜在开口方部位，间距为400～600mm。

（11）如果木质墙面需要安装大型灯具、设备等重物，应根据实际情况选用更大规格的木龙骨，并采用膨胀螺钉或膨胀螺栓固定木龙骨 [图5-14（d）]。

（12）任何木质板材都具有缩胀性，应考虑在表面间隔600～800mm预留缩胀缝隙，缝隙宽度为3mm左右，其中填补中性玻璃胶，设计木质墙面造型时应考虑缩胀缝的位置与数量。

五、软包墙面造型

软包墙面一般用于对隔音要求较高的卧室、书房、活动室与视听间，采用海绵、隔音棉等弹性材料为基层，外表覆盖装饰面料，将其预先制作成体块后再统一安装至墙面上，是一种高档的墙面装饰手法 [图5-15（a）]。

1. 施工方法

（1）清理基层墙面，放线定位，根据设计造型在墙面钻孔，放置预埋件。

（2）根据实际施工环境对墙面作防潮处理，

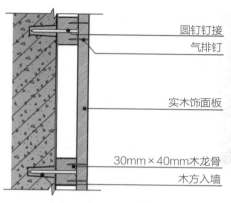

（a）门套构造示意示意图　　　　　　　（b）板材与墙体缝隙

（c）板材与龙骨支撑构造　　　　　　（d）固定木龙骨

图5-14　木质墙面造型施工

图5-14（a）：实际施工时，门套构造示意图可以起到参考和指示的作用。

图5-14（b）：对于不平整的墙面，可以采用不同规格的木质板材制作墙面基础，并找平构造基层部位。

图5-14（c）：木芯板与各种板材的边角料都可用于制作木质墙面造型的基础，更能方便形体塑造。

图5-14（d）：木龙骨是最重要的支撑构件，局部可以采用气排钢钉固定至墙面上。

制作木龙骨安装到墙面上，作防火处理，并调整龙骨尺寸、位置、形状。

（3）制作软包单元，填充弹性隔音材料。

（4）将软包单元固定在墙面龙骨上，封闭各种接缝，全面检查。

2. 施工要点

（1）软包墙面造型的基层龙骨制作工艺与上述木质墙面造型一致，龙骨基层空间也可以根据需要填充隔音材料。

（2）软包墙面所用填充材料，纺织面料、木龙骨、木基层板等均应进行防火、防潮处理，木龙骨采用开口方工艺预制，可整体或分片安装，紧密墙体连接。

（3）安装软包单元应紧贴龙骨钉接，采用气排钉从单元板块侧面钉至龙骨上，接缝应严密，花纹应吻合，无波纹起伏、翘边、褶皱现象，表面须清洁。

（4）软包单元要求包裹严密，无缝隙，不能将面料过度拉扯而发生纹理变形或破裂［图5-15（b）］。

（5）软包面料与压线条、踢脚线、开关插座暗盒等交接处应严密、顺直、无毛边，电器盒盖等开洞处，套割尺寸应准确。

（6）软包单元的填充材料制作尺寸应正确，棱角应方正，与木基层板粘结紧密，织物面料裁剪时应经纬顺直。

（7）软包单元体块边长不宜大于600mm，基

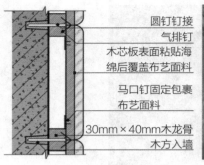

（a）软包墙面构造示意图

圆钉钉接
气排钉
木芯板表面粘贴海绵后覆盖布艺面料
马口钉固定包裹布艺面料
30mm×40mm木龙骨
木方入墙

（b）软包模块

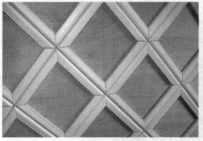

（c）墙面装饰构造

（d）软包制作完毕

图5-15 软包墙面造型施工

图5-15（a）：软包墙面制作融合了多种制作工艺，木龙骨一般选择30mm×40mm，钉接处要贴合紧密。

图5-15（b）：软包模块应单独制作，多在木芯板表面粘贴高密度海绵，再覆盖布艺面料。

图5-15（c）：墙面可预先制作基础框架与装饰边框，形成有框软包装饰造型，最后再将软包模块直接安装上去。

图5-15（d）：软包墙面安装完毕后要仔细调整缝隙，避免出现错缝、重合的现象，表面应平整，保持整齐一致。

层开采用9mm厚胶合板或15mm木芯板制作，在板材上粘贴海绵或隔音棉等填充材料，再用布艺或皮革面料包裹，在板块背面固定马口钉［图5-15（c）、图5-15（d）］。

⒓ 补充要点

墙体构造制作

墙体构造制作的关键在于精确的放线定位，由于墙体尺寸存在误差，并不是标准的矩形，因此要充分考虑板材覆盖后的完整性。局部细节应制作精细，各种细节的误差应小于2mm，制作完成后应进行必要的打磨或刨切，为后续涂饰施工做好准备，还需特别注意墙面预留的电路管线，应及时将线路从覆盖材料中抽出，以免后期安装时发生遗漏。

六、墙体构造施工对比一览（表5-1）

表5-1　　　　墙体构造施工一览表（以下价格包含人工费、辅材与主材）

施工类别	图示	施工特点	应用	价格/（元/米²）
石膏板隔墙		表面平整，硬度较高，安装简单方便，成本较低	建筑内部空间隔墙、家具背面封闭、装饰背景墙制作	100～150

续表

施工类别	图示	施工特点	应用	价格 /（元 / 米²）
玻璃砖隔墙		装饰效果好，施工比较简单	建筑内部空间隔墙	150 ~ 200
玻璃隔墙		表面平整，通透性好，较单薄，安装快捷，成本较低	厨房、卫生间、书房等要求采光的空间隔墙	150 ~ 200
木质墙面造型		制作工艺较简单，表面纹理丰富，板面平整	局部墙面装饰，墙裙制作	150 ~ 200
软包墙面造型		表面有起伏造型，具有弹性、隔音、保温效果好，色彩纹理丰富	电视背景墙、床头背景墙、书房墙面	250 ~ 300

第二节　吊顶构造制作

吊顶构造种类较多，可以通过不同材料来塑造不同形式的吊顶，营造出多样的装饰格调，常见的吊顶主要有石膏板吊顶、胶合板吊顶、金属扣板吊顶与塑料扣板吊顶，应用范围较广。

一、石膏板吊顶制作

在客厅及餐厅顶面制作的吊顶面积较大，一般采用纸面石膏板制作，因此，也称为石膏板吊顶，石膏板吊顶主要用于外观平整的吊顶造型，一般由吊杆、骨架、面层3部分组成［图5-16（a）］。

1. 施工方法

（1）在顶面放线定位，根据设计造型在顶面、墙面钻孔，安装预埋件。

（2）安装吊杆于预埋件上，并在地面或操作台上制作龙骨架。

（3）将龙骨架挂接在吊杆上，调整平整度，对龙骨架作防火、防虫处理。

（4）在龙骨架上钉接纸面石膏板，并对钉头作防锈处理，进行全面检查。

2. 施工要点

（1）顶面与墙面上都应放线定位，分别弹出标高线、造型位置线、吊挂点布局线与灯具安装位置线。

（2）石膏板吊顶可用轻钢龙骨，轻钢龙骨抗弯曲性能好，一般选用U50系列轻钢龙骨，即龙骨的边宽为50mm，如果吊顶跨度超过6m，可以选用U75系列轻钢龙骨，但任何轻钢龙骨都不能弯曲。

（3）在墙的两端固定压线条，用水泥钉与墙面固定牢固，依据设计标高，沿墙面四周弹线，作为顶棚安装的标准线，其水平允许偏差±5mm。

（4）当石膏板吊顶跨度超过4m时，中间部位应适当凸起，形成特别缓和的拱顶造型，这是利用轻钢龙骨的韧性制作的轻微弧形，中央最高点与周边最低点的高差不超过20mm[图5-16（b）、图5-16（c）]。

（5）木质龙骨架顶部吊点固定有两种方法：一种是用水泥射钉直接将角钢或扁铁固定在顶部；另一种是在顶部钻孔，用膨胀螺栓或膨胀螺钉固定预制件做吊点，吊点间距应反复检查，保证吊点牢固、安全。

（6）在制作藻井吊顶时，应从下至上固定吊顶转角的压条，阴阳角都要用压条连接，注意预留照明线出口。

（7）吊顶面积过大可以在中间铺设龙骨，当藻井式吊顶的高差大于300mm时，应采用梯层分级处理。

（8）龙骨结构必须坚固，大龙骨间距应小于500mm，龙骨固定必须牢固，龙骨骨架在顶、墙面都必须有固定件，木龙骨底面应刨光刮平，截面厚度要求一致，并作防火处理。

（9）平面与直线形吊顶一般采用自攻螺钉将石膏板固定在轻钢龙骨上，在制作弧线吊顶造型时，仍要使用木龙骨。

（10）木龙骨安装要求保证没有劈裂、腐蚀、死节等质量缺陷，截面长30~40mm，宽40~50mm，含水率应小于10%[图5-16（d）~图5-16（g）]。

（11）纸面石膏板用于平整面的吊顶面板，可配合胶合板用于弧形面的面板，或用于吊顶造型的转角或侧面。

（12）面板安装前应对安装完的龙骨与面板板材进行检查，板面应当平整，无凹凸，无断裂，边角整齐[图5-16（h）、图5-16（i）]。

（13）安装饰面板应与墙面完全吻合，有装饰角线应保留缝隙，同时还要预留出灯口位置。

（14）制作吊顶构造时，应预留顶面灯具的开口，并将电线牵扯出来做好标记，方便后续安装施工。

（15）最后在固定螺钉与射钉的部位涂刷防锈漆，避免生锈后影响外部涂料的装饰效果[图5-16（j）、图5-16（k）]。

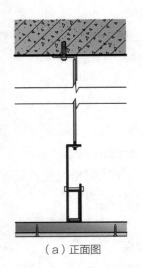

（a）正面图

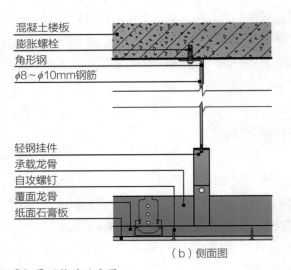

混凝土楼板
膨胀螺栓
角形钢
$\phi 8 \sim \phi 10$mm钢筋

轻钢挂件
承载龙骨
自攻螺钉
覆面龙骨
纸面石膏板

（b）侧面图

（a）石膏板吊顶构造示意图

（b）龙骨定位　　　　　　　（c）调节龙骨　　　　　　　（d）预留接缝位置

（e）直线形吊顶构造　　　　　（f）木龙骨基础　　　　　　（g）石膏板弧形造型

（h）石膏板弧形造型　　（i）石膏板与胶合板搭配　　（j）填补防锈漆　　　　（k）吊顶制作完毕

图5-16　石膏板吊顶制作

图5-16（a）：吊杆承受吊顶面层与龙骨架的荷载，吊杆大多使用钢筋，骨架承受吊顶面层的荷载，并将荷载通过吊杆传给屋顶承重结构，面层具有装饰室内空间、降低噪声、界面保洁等功能。

图5-16（b）：制作吊顶龙骨前应作精确放线定位，确定纵横向龙骨与吊杆的确切位置。

图5-16（c）：吊杆局部可根据需要进行调节，保证龙骨底面的平整度。

图5-16（d）：石膏板覆面后的接缝应保留3～5mm，防止材料缩胀变形。

图5-16（e）：直线形吊顶构造制作相对简单，但要仔细校对水平度与垂直度，底面板材应遮挡侧面板材的边缘。

图5-16（f）：弧形吊顶的龙骨仍然应采用具备一定弯曲能力的木龙骨与木芯板制作。

图5-16（g）：石膏板的弧形造型能力有限，弯曲幅度不宜过大，应适当保留缩胀缝隙。

图5-16（h）：圆形吊顶也可以全部采用石膏板制作，侧面板材应预先弯压定型后再安装。

图5-16（i）：石膏板与木质板材可以混合搭配，但接缝处应当紧密。

图5-16（j）：填补防锈漆时要注意防锈漆应完全覆盖固定石膏板的自攻螺钉或气排钉。

图5-16（k）：石膏板吊顶制作完成后要检查其表面是否绝对平整且无裂缝。

二、胶合板吊顶制作

胶合板吊顶是指采用多层胶合板、木芯板等木质板材制作的吊顶，适用于面积较小且造型复杂的顶面造型，尤其是弧形吊顶造型或自由曲线吊顶造型［图5-17（a）］。

1. 施工方法

（1）在顶面放线定位，根据设计造型在顶面、墙面钻孔，安装预埋件。

（2）安装吊杆于预埋件上，并在地面或操作台上制作龙骨架。

（3）将龙骨架挂接在吊杆上，调整平整度，对龙骨架作防火、防虫处理。

（4）在龙骨架上钉接胶合板与木芯板，并对钉头作防锈处理，进行全面检查。

2. 施工要点

（1）胶合板吊顶与上述石膏板吊顶的施工要点基本一致，虽然材料不同，但胶合板吊顶的施工要求比石膏板吊顶更加严格。

（2）胶合板吊顶多采用木质龙骨，制作起伏较大的弧形构造应选用两级龙骨，即主龙骨（或称承载龙骨）与次龙骨（或称覆面龙骨）。

（3）木龙骨自身的弯曲程度是有限的，要制作成弧形造型，需要对龙骨进行加工，常见的加工方式是在龙骨同一边上切割出凹槽，深度不超过边长的50%，间距为50～150mm不等，经过裁切后的龙骨即可作更大幅度的弯曲。

（4）胶合板吊顶的主龙骨一般选用规格为50mm×70mm的烘干杉木龙骨，次龙骨一般选用规格为30mm×40mm的烘干杉木龙骨，具有较好的韧性，在龙骨之间还可以穿插使用木芯板，能辅助固定龙骨构造［图5-17（b）、图5-17（c）］。

（5）木龙骨被加工成弧形后还需进一步形成框架，将纵、横两个方向的木龙骨组合在一起，形成龙骨网格，纵向龙骨与横向龙骨之间的衔接应采取开口方的形式。

（6）木龙骨再次加工时要在纵向龙骨与横向龙骨交接的部位各裁切掉一块木料，深度为龙骨边长的50%，纵向龙骨与横向龙骨相互咬合后即可形成稳固的构造，咬合部位不用钉子固定，可涂抹白乳胶强化粘接。

（7）木龙骨开口方的间距一般为300～400mm，特别复杂的部位可缩短至200mm。

（8）木龙骨制作成吊顶框架后应及时涂刷防火涂料，也可以预先对木龙骨涂刷防火涂料，或直接购买成品防火龙骨［图5-17（d）、图5-17（e）］。

（9）钉接胶合板时常用气排钉固定，间距为50mm左右，对于弧形幅度较大的部位，应采用马口钉固定，或每两枚气排钉为1组进行固定，也可以间隔150～200mm加固1枚自攻螺钉，钉接完成后应尽快在钉头处涂刷防锈漆。

（10）由于木质构造具有较强的缩胀性，因此，要用刨子或锉子等工具将吊顶造型的转角部位加工平整，并粘贴防裂带，及时涂刷涂料［图5-17（f）、图5-17（g）］。

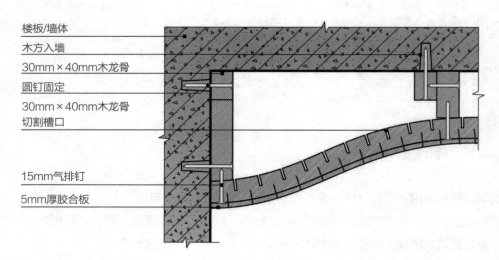

楼板/墙体
木方入墙
30mm×40mm木龙骨
圆钉固定
30mm×40mm木龙骨
切割槽口
15mm气排钉
5mm厚胶合板

（a）胶合板构造示意图

（b）木龙骨弯曲部位处理

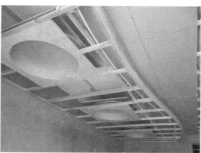
（c）控制单根木龙骨的弧度

（d）木龙骨与木芯板构造

（e）涂刷防火涂料

（f）胶合板覆面

（g）吊顶制作完毕

图5-17　胶合板吊顶制作

图5-17（b）：弯曲弧度较大的部位可采用木芯板制作底板，侧面钉接3mm厚胶合板。

图5-17（c）：单根木龙骨的弧形变化不宜过大，避免弧线显得不流畅。

图5-17（d）：采用曲线锯能将木芯板切割出弧形，侧面钉接胶合板后，要采用木龙骨支撑。

图5-17（e）：直线形龙骨、石弧形构造的重要支撑部件，最终会被封闭在饰面板内，应涂刷防火涂料。

图5-17（f）：弧度不大的吊顶造型可选用厚度为9mm以上的胶合板，这样装饰效果更好。

图5-17（g）：胶合板吊顶制作完成，应注意收边造型，要强化吊顶的精确度。

🅡 补充要点

吊顶起伏不平的原因

1. 在吊顶施工前，墙面四周未准确弹出水平线，或未按水平线施工，吊顶中央部位的吊杆未往上调整，不仅未向上起拱，而且还会因中央吊杆承受不了吊顶的荷载而下沉。

2. 吊杆间距大或龙骨悬挑距离过大，龙骨受力后产生了明显的曲度而引起吊顶起伏不平，基层制作完毕后，吊杆未仔细调整，局部吊杆受力不匀，甚至未受力，木质龙骨变形，轻钢龙骨弯曲、未调整都会导致吊顶起伏不平。

3. 接缝部位刮灰较厚造成接缝突出，也会形成吊顶起伏不平，当然，表面石膏板或胶合板受潮后变形也会导致起伏不平。

三、金属扣板吊顶制作

金属扣板吊顶是指采用铝合金或不锈钢制作的扣板吊顶，铝合金扣板与不锈钢扣板都属于成品材料，由厂家预制加工成成品型材，包括板材与各种配件，在施工中直接安装，施工便捷，金属扣板吊顶一般用于厨房、卫生间，具有良好的防潮、隔音效果［图5-18（a）］。

1. 施工方法

（1）根据设计造型在顶面、墙面放线定位，确定边龙骨的安装位置。

（2）安装吊杆于预埋件上，并调整吊杆高度。

（3）将金属主龙骨与次龙骨安装在吊杆上，并调整水平。

（4）将金属扣板揭去表层薄膜，扣接在金属龙骨上，调整水平后，全面检查。

2. 施工要点

（1）根据吊顶的设计标高在四周墙面上放线定位，弹线应清晰，位置应准确，其水平偏差为±5mm，吊顶下表面与顶面距离应保留200mm以上，方便灯具散热与水电管道布设。

（2）确定各龙骨的位置线，为了保证吊顶饰面的完整性与安装可靠性，需根据金属扣板的规格来定制，如300mm×600mm或300mm×300mm，当然，也可以根据吊顶的面积尺寸来安排吊顶骨架的结构尺寸。

（3）主龙骨中间部分应起拱，龙骨起拱高度不小于空间面跨度的5%，保证吊顶龙骨不受重力影响而下坠。

（4）吊杆距主龙骨端部应小于300mm，否则应增设吊杆，以免承载龙骨下坠，次龙骨应紧贴承载龙骨安装。

（5）沿标高线固定边龙骨，边龙骨的作用是吊顶边缘部位的封口，边龙骨规格为25mm×25mm，其色泽应与金属扣板相同，边龙骨多用硅酮玻璃胶粘贴在墙上［图5-18（b）~图5-18（e）］。

（6）吊杆应垂直并有足够的承载力，当吊杆需接长时，必须搭接牢固，焊缝均匀饱满，并进行防锈处理。

（7）龙骨完成后要全面校正主、次龙骨的位置及水平度，连接件应错位安装，检查安装好的吊顶骨架，应牢固可靠［图5-18（f）、图5-18（g）］。

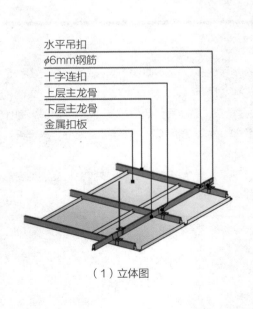

（1）立体图

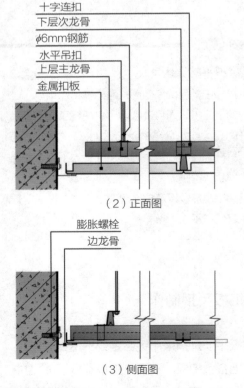

（2）正面图

（3）侧面图

（a）铝合金扣板吊顶构造示意图

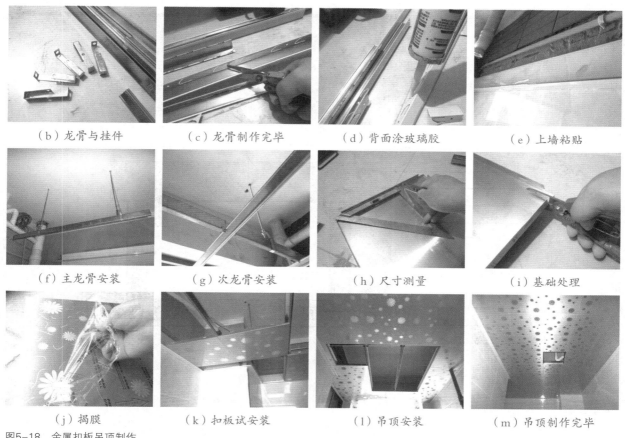

（b）龙骨与挂件　　（c）龙骨制作完毕　　（d）背面涂玻璃胶　　（e）上墙粘贴

（f）主龙骨安装　　（g）次龙骨安装　　（h）尺寸测量　　（i）基础处理

（j）揭膜　　（k）扣板试安装　　（l）吊顶安装　　（m）吊顶制作完毕

图5-18　金属扣板吊顶制作

图5-18（b）：可先将龙骨的各种配件展开分类，根据需要选用不同规格的配件材料。

图5-18（c）：胶合板吊顶制作完成应注意收边造型，强化吊顶的精确度。

图5-18（d）：在角铝的贴墙面涂抹中性硅酮玻璃胶，填涂应均匀。

图5-18（e）：采用宽胶带将角铝粘贴在墙面砖上，保证中性硅酮玻璃胶能完全贴合墙面砖。

图5-18（f）：顶面钻孔后可安装预埋件与吊杆，并挂接主龙骨。

图5-18（g）：在主龙骨下继续安装次龙骨，随时调整吊杆的伸缩高度，使龙骨保持平整。

图5-18（h）：精确测量边角部位尺寸，采用三角尺为依据，裁切吊顶扣板。

图5-18（i）：采用专用钳子将边角板材的转折部位剪短，避免板材表面发生变形或皱褶。

图5-18（j）：安装扣板前应揭开板材表面的覆膜，否则安装上去就不便揭开。

图5-18（k）：预先安装几块扣板，依次反复调整边角部位的龙骨间距与龙骨的平整度。

图5-18（l）：整体安装应从周边向中央铺装，注意调整龙骨的平整度。

图5-18（m）：安装扣板吊顶时要预留顶面灯具、设备的开口位置，将电线穿引至此。

（8）安装金属扣板时，应把次龙骨调直，金属方块板组合要完整，四围留边时，要对称均匀。

（9）要将安排布置好的龙骨架位置线画在标高线的上端，吊顶平面的水平误差应小于5mm，边角扣板应根据尺寸仔细裁切［图5-18（h）、图5-18（i）］。

（10）每安装一块扣板前，应揭开表层覆膜。安装金属扣板应从边缘开始，逐渐向中央展开，先安装边角部位经过裁切的板材，随时调整次龙骨的间距［图5-18（j）、图5-18（k）］。

（11）安装至中央部位，应当将灯具、设备开口预留出来，对于特殊规格的灯具、设备，应根据具体尺寸扩大开口或缩小开口。

（12）安装完毕后逐个检查接缝的平整度，仔细调整局部缝隙，避免出现明显错缝［图5-18（l）、图5-18（m）］。

补充要点

塑料扣板吊顶制作

　　塑料扣板吊顶是指采用PVC（聚氯乙烯）材料制作的扣板吊顶，其制作首先应在顶面放线定位，根据设计造型在顶面、墙面钻孔，并放置预埋件；然后安装木龙骨吊杆于预埋件上，并调整吊杆高度；再制作木龙骨框架，将其钉接安装在吊杆上，并调整水平；最后采用帽钉将塑料扣板固定在木龙骨上，逐块插接固定，安装装饰角线，并全面检查（图5-19）。

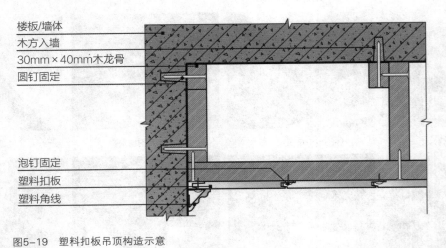

图5-19　塑料扣板吊顶构造示意

四、吊顶构造施工一览（表5-2）

表5-2　　　　　　　　　　　　　吊顶构造施工一览表（以下价格包含人工费、辅材与主材）

施工类别	图示	施工特点	应用	价格 / (元 / m²)
石膏板吊顶		平整度高，弯曲幅度有限，施工快捷方便	客厅、餐厅等大面积吊顶	120 ~ 150
胶合板吊顶		平整度一般，能弯曲造型，表面色彩纹理丰富，施工较复杂	局部装饰造型吊顶	150 ~ 200
金属扣板吊顶		平整度高，整体效果好，花色品种丰富，施工快捷	厨房、卫生间吊顶	100 ~ 300

第三节　基础木质构造制作

一、门窗套制作

门窗套用于保护门、窗边缘墙角，防止日常生活中的无意磨损，门窗套还适用于门厅、走道等狭窄空间的墙角［图5-20（a）］。

1．施工方法

（1）清理门窗洞口基层，改造门窗框内壁，修补整形，放线定位，根据设计造型在窗洞口钻孔并安装预埋件。

（2）根据实际施工环境对门窗洞口作防潮处理，制作木龙骨或木芯板骨架安装到洞口内侧，并作防火处理，调整基层尺寸、位置、形状。

（3）在基层构架上钉接木芯板、胶合板或薄木饰面板，将基层骨架封闭平整。

（4）钉接相应木线条收边，对钉头作防锈处理，全面检查。

2．施工要点

（1）基层骨架应平整牢固，表面须刨平，安装基层骨架应保持方正，除预留出板面厚度外，基层骨架与预埋件的间隙应用胶合板填充，并连接牢固。

（2）门窗洞口应方正垂直，预埋件应符合设计要求，并作防腐、防潮处理，如涂刷防水涂料或地坪漆。

（3）基层骨架可采用膨胀螺钉或钢钉固定至门窗框墙体上，钉距一般为600~800mm。

（4）安装门窗洞口骨架时，一般先上端，后两侧，洞口上部骨架应与紧固件连接牢固［图5-20（b）~图5-20（h）］。

（5）根据洞口尺寸，门窗中心线与位置线，用木龙骨或木芯板制成基层骨架，并作防火处理，横撑位置必须与预埋件位置重合。

（6）外墙窗台台面可选用天然石材或人造石材铺装，底部采用素水泥粘贴，周边采用中性硅酮玻璃胶封闭缝隙。

（7）门窗套的饰面板颜色、花纹应谐调，板面应略大于搁栅骨架，大面应净光，小面应刮直，木纹根部应向下，长度方向需要对接时，花纹应通顺，接头位置应避开视线平视范围，接头应留在横撑上。

（8）门窗套的装饰线条的品种、颜色应与侧

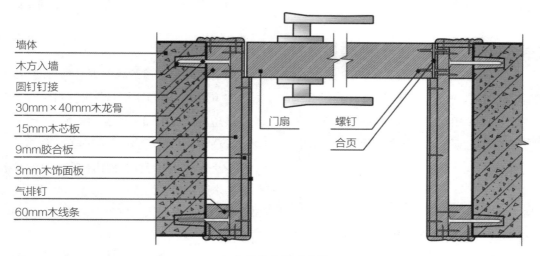

墙体
木方入墙
圆钉钉接
30mm×40mm木龙骨
15mm木芯板
9mm胶合板
3mm木饰面板
气排钉
60mm木线条

门扇　　螺钉
合页

（a）门套构造示意图

（b）门窗框基础　　　（c）制作木质构造基础　　　（d）免木质构造内角接缝　　　（e）门套底部保留距离

（f）板材垫平　　　（g）门套顶部封闭

图5-20（b）：仔细检查门窗框基础，用铁锤敲击边角观察基层质量。

图5-20（c）：木质构造基础可以预先制作，控制好门框宽度，要符合设计与施工要求。

图5-20（d）：内角接缝应当紧密，木质基础构造应尽量平整。

图5-20（e）：门套底部应与地面保留一定距离，能铺装地面材料，同时以防受潮。

图5-20（f）：如果门框过宽，应采用木芯板垫平，保持门框宽度与门扇匹配。

图5-20（g）：门洞顶部的空余空间可采用水泥砂浆封闭找平。

（h）门挡构造　　　（i）门窗套制作完成

图5-20　门窗套制作

图5-20（h）：门挡的厚度为10mm左右，采用胶合板制作，主要用于控制门扇的关闭终点。

图5-20（i）：施工过程中需注意，木质线条的转角处应切割为45°，要保证缝隙紧密。

面板材一致，装饰线条碰角接头为45°，装饰线条与门窗套侧面板材的结合应紧密、平整，装饰线条盖住抹灰墙面宽度应大于10mm[图5-20（i）]。

（9）装饰线条与薄木饰面板均采用气排钉固定，钉距一般为100～150mm。免漆板采用强力万能胶粘贴，免漆板装饰线条与墙面的接缝处应采用中性硅酮玻璃胶粘接并封闭。

二、窗帘盒制作

窗帘盒是遮挡窗帘滑轨与内部设备的装饰构造，主要可分为暗装和明装两种，暗装比较美观，无论哪种形式都可以采用木芯板与纸面石膏板制作[图5-21（a）]。

1. 施工方法

（1）清理墙、顶面基层，放线定位，根据设计造型在墙、顶面上钻孔，安装预埋件[图5-21（b）]。

（2）根据设计要求制作木龙骨或木芯板窗帘盒，并作防火处理，安装到位，调整窗帘盒尺寸、位置、形状。

（3）在窗帘盒上钉接饰面板与木线条收边，对钉头作防锈处理，将接缝封闭平整[图5-21（c）]。

（4）安装并固定窗帘滑轨，全面检查调整。

2. 施工要点

（1）常用窗帘盒的高度为100mm左右，单杆宽度为100mm左右，双杆宽度为150mm左右，长度最短应超过窗口宽度300mm，即窗口两侧各超出150mm，最长可与墙体长度一致。

（2）制作窗帘盒可使用木芯板、指接板、胶合板等木质材料，如果与石膏板吊顶结合在一起，可以使用木龙骨或木芯板制作骨架，外部钉接纸面石膏板。

（3）如果窗帘盒外部需安装薄木饰面板、免漆

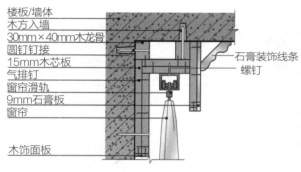
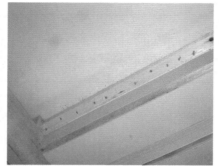

（a）窗帘盒构造示意图　　　　　　　　　　（b）木龙骨基础制作

（c）石膏板封闭　　　　　　　　（d）窗帘滑轨凹槽　　　　　　　　（e）窗帘盒制作完成

图5-21　窗帘盒制作

图5-21（b）：采用木龙骨制作窗帘盒基础能提升整体构造的强度。

图5-21（c）：窗帘盒外部采用石膏板封闭，内部采用木芯板封闭，这种安装方式依旧能安装滑轨。

图5-21（d）：窗帘滑轨凹槽外部应与周边吊顶形成一体。

图5-21（e）：窗帘盒制作完成后可以在外部继续安装装饰线条。

板，应采用与窗框套同材质的板材，安装部位为窗帘盒的外侧面与底面 [图5-21（d）、图5-21（e）]。

（4）窗帘滑轨、吊杆等构造不应安装在窗帘盒上，应安装在墙面或顶面上。如果有特殊要求，窗帘盒的基层骨架应预先采用膨胀螺钉安装在墙面或顶面上，以保证安装强度。

三、门窗构造施工一览（表5-3）

表5-3　　　　　　　　　门窗构造施工一览表（以下价格包含人工费、辅材与主材）

施工类别	图示	施工特点	应用	价格/（元/米²）
门窗套制作		保护门窗框架周边护角，具有一定的装饰效果	门窗洞口边角装饰	200 ~ 250
窗帘盒制作		外观平整、挺直，能遮挡窗帘滑轨	外窗内侧墙顶面装饰	150 ~ 200

⑤ 本章小结

构造施工的门类繁多，所选用的材料规格应根据实际需要来定，并充分考虑日后的使用要求。为了加强构造的牢固程度，可适当选用金属材料，要特别注意边角缝隙的处理，避免给人粗糙感。

⑰ 课后练习

1. 分点叙述石膏板隔墙的施工方法和施工要点。
2. 分点说明空心玻璃砖砌筑以及填补砖缝的施工方法和施工要点。
3. 结合实例详细说明玻璃隔墙的施工方法和施工要点。
4. 分点说明木质墙面造型和软包墙面造型的施工方法和施工要点。

5. 石膏板吊顶具体如何施工？施工要点又有哪些？
6. 胶合板吊顶如何施工？施工时需要注意哪些事项？
7. 金属扣板吊顶如何施工？施工时需要注意哪些事项？
8. 门窗套如何制作？施工时需要注意哪些事项？
9. 窗帘盒如何制作使用寿命更长？

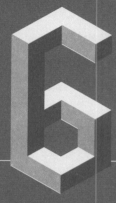

第六章

油漆涂料施工

教学视频
（扫码下载）

PPT 课件
（扫码下载）

» **学习难度**：★ ★ ★ ☆ ☆

» **重点概念**：基础界面处理、油漆施工、涂料施工、壁纸施工

» **章节导读**：涂饰是建筑装饰的面子工程，各种构造都会被涂饰材料遮盖，或是显露出更清晰的纹理，或是完全变更了色彩。涂饰施工方法多样，但基层处理都要求平整、光洁、干净，需要进行腻子填补、多次打磨，表面油漆涂料才能完美覆盖。现代涂饰材料品种多样，应根据不同材料的特性选用不同的施工方法，本章将重点讲解建筑内部空间油漆涂料工程的施工工作。

第一节　基础界面处理

在涂饰面层油漆、涂料之前，应对涂饰界面基层进行处理，主要目的在于进一步平整装饰材料与构造的表面，为涂饰乳胶漆、喷涂真石漆、铺贴壁纸、墙面彩绘等施工打好基础。

一、墙顶面抹灰

墙顶面抹灰是指针对粗糙水泥墙面、外露砖墙墙面、混凝土楼板等界面进行找平施工，主要采用不同比例的水泥砂浆，下面以常规砌筑墙体为例，介绍抹灰施工方法［图6-1（a）］。

1. 施工方法

（1）检查毛坯墙面的完整性，记下凸出与凹陷强烈的部位，对墙面四角吊竖线、横线找水平，弹出基准线、墙裙线与踢脚线，制作冲筋线。

（2）对墙面进行湿水，调配1∶2水泥砂浆，对墙面、顶面的阴阳角找方整，做门窗洞口护角［图6-1（b）］。

（3）采用1∶2水泥砂浆作基层抹灰，厚度宜为5～7mm，待干后采用1∶1水泥砂浆作找平层抹灰，厚度宜为5～7mm。

（4）采用素水泥找平面层，养护7天。

> **⚑ 补充要点**
>
> **抹灰水泥砂浆比例**
>
> 在建筑装饰施工中，常会用到不同比例的水泥砂浆，如1∶1水泥砂浆、1∶2水泥砂浆、1∶3水泥砂浆等，这些水泥砂浆的比例是指水泥与砂的体积比，1∶1水泥砂浆适用于面层抹灰或铺贴墙地砖；1∶2水泥砂浆适用于基层抹灰或凹陷部位找平，也可用于局部砌筑构造；1∶3水泥砂浆适用于墙体等各种砖块构造砌筑。

2. 施工要点

（1）抹灰用的水泥宜为32.5#普通硅酸盐水泥，不同品种、不同标号的水泥不能混用，抹灰施工宜选用中砂，用前要经过网筛，不能含有泥土、石子等杂物。

（2）用石灰砂浆抹灰，所用石灰膏的熟化期应大于15天，罩面用磨细生石灰粉的熟化期应大于3天，水泥砂浆拌好后，应在初凝前用完，凡是结硬砂浆不能继续使用。

（3）基层处理必须合格，砖砌体应清除表面附着物、尘土，抹灰前洒水湿润，混凝土砌体的表面应作凿毛处理，或在表面洒水润湿后涂刷掺加胶粘剂的1∶1水泥砂浆，一般掺加10%的901建筑胶水即可。

（4）在不同墙体材料交接处的表面抹灰时，应采取防开裂的措施，如贴防裂胶带或细金属网等。

（5）洞口阳角应用1∶2水泥砂浆做暗护角，其高度应小于2m，每侧宽度应大于50mm［图6-1（c）、图6-1（d）］。

（6）大面积抹灰前应设置标筋线，制作好标筋，找规矩与阴阳角、找方正是保证抹灰质量的重要环节［图6-1（e）、图6-1（f）］。

（7）用石灰砂浆抹灰时，应待前一层达到80%干燥后再抹下一层，底层抹灰的强度不得低于面层抹灰的强度。

（8）各抹灰层之间粘结应牢固，用水泥砂浆或混合砂浆抹灰时应待前一层抹灰层凝结后，才能抹第2层。

（9）对于已经做好抹灰的墙顶面，应根据实际情况检查现有抹灰层的质量，一般无需作全部抹灰，只需作局部抹灰整平即可。

（10）对于已经刮涂了白石灰或腻子的墙面不能采用水泥砂浆抹灰，可以用石膏粉或腻子粉找平。

（11）水泥砂浆抹灰层厚度应小于15mm，顶面抹灰层厚度应小于10mm，如需增加抹灰层的厚度，应在第一遍抹灰完全干燥后，在墙顶面钉接钢丝网，再做第二遍抹灰施工，第一遍抹灰应采用1：2水泥砂浆，第二遍可采用1：1水泥砂浆，墙面抹灰层总厚度不宜超过25mm。

（12）水泥砂浆抹灰层应在抹灰24h后进行养护［图6-1（g）、图6-1（h）］。

（13）抹灰层在凝固前，应防止震动、撞击、水分急剧蒸发，抹灰面的温度应高于5℃，抹灰层初凝前不能受冻［图6-1（i）］。

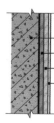

墙体基层
5～10mm厚1：3水泥砂浆
7～8mm厚1：3水泥砂浆
5mm厚1：2.5水泥砂浆

（a）水泥砂浆抹灰构造示意图

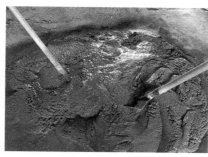

（b）调配水泥砂浆

（c）抹灰界面挂网

（d）转角抹灰

（e）表面找平

图6-1（a）：如果墙面需要增加保温层，应在保温层表面挂贴防裂网后再抹灰。

图6-1（b）：调配水泥砂浆时应严格控制水泥与砂的比例，在加水前充分拌和均匀。

图6-1（c）：水泥砂浆抹灰构造施工需要分层次使用不同比例的水泥砂浆，施工时注意控制好凝结层的厚度。

图6-1（d）：边角部位抹灰应确保平整度，可以埋设塑料或金属护角，注意抹平水泥砂浆。

图6-1（e）：抹灰后应采用金属模板对抹灰界面作整体刮平。

（f）新旧墙体过渡

（g）墙面抹灰完毕

图6-1（f）：新旧墙体抹灰的过渡应自然均衡，保持一定穿插，使抹灰的吸附力更强。

图6-1（g）：抹灰完毕后应检查表面的平整度，待完全干燥后才能进一步施工。

图6-1（h）：在待干过程中应时常洒水润湿，让抹灰层内外同时且缓慢地干燥。

图6-1（i）：气温较高且没有及时润湿会导致抹灰层开裂，影响抹灰层的构造强度。

（h）抹灰界面湿水养护

（i）抹灰界面开裂

图6-1 墙顶面抹灰施工

二、自流平水泥施工

自流平水泥是一种成品粉状混合水泥，在施工现场加水搅拌后倒在地面，经刮刀展开，即可获得高平整基面，可以直接铺装复合木地板、地毯、地胶等单薄的装饰材料，营造出特别平整的地面［图6-2（a）］。

1. 施工方法

（1）检查地面的完整性，采用1：2水泥砂浆填补凹陷部位，在墙面底部放线定位，确定自流平水泥浇灌高度。

（2）进一步清理地面，保持地面干燥、整洁，无灰尘、油污，涂刷产品配套的表面处理剂两遍。

（3）根据自流平水泥产品包装上的使用说明，根据比例配置自流平水泥浆料，搅拌均匀，静置5min后倒在地面上［图6-2（b）、图6-2（c）］。

（4）采用配套靶子等工具，将自流平水泥整平，并赶出气泡，养护24h［图6-2（d）］。

2. 施工要点

（1）基础水泥地面要求清洁、干燥、平整，水泥砂浆与地面间不能空壳，水泥砂浆面不能有砂粒，基层水泥强度不得小于10MPa。

（2）在施工前，可根据实际情况采用打磨机对基础地面进行打磨，磨掉地面的杂质，浮尘和砂粒，打磨后扫掉灰尘，用吸尘器吸干净。

（3）自流平边缘应设置阻挡构造，保证边缘平整［图6-2（e）］。

（4）将自流平水泥浆料导入容器中，严格按照包装说明加水，用电动搅拌器把自流平彻底搅拌。

（5）自流平水泥浆料搅拌2min，停半分钟，再继续搅拌1min，不能有块状或干粉出现，搅拌好的自流平水泥须呈流体状。

（6）搅拌好的自流平尽量在半个小时之内使用，将自流平水泥倒在地面上，用带齿的靶子把自流平拨开，待其自然流平后用带齿的滚子在上面纵横滚动，放出其中的气体，防止起泡，特别注意自流平水泥搭接处的平整［图6-2（f）］。

（7）涂刷表面处理剂时，应按产品包装说明对处理剂进行稀释，采用不脱毛的羊毛滚筒按先横后竖的方向将处理剂均匀地涂在地面上，保证涂抹均匀，不留间隙。

（8）涂好后要根据不同产品性能，等待一定时间再进行自流平水泥施工，水泥表面处理剂能增大自流平水泥与地面的黏结力，防止自流平水泥脱壳或开裂。

（9）如果对地面平整度要求特别高，或准备铺装地毯或地胶，待自流平水泥完全干燥后采用打磨机打磨，打磨后用吸尘机把灰尘吸干净。

（10）可根据需要在自流平地面上涂刷环氧地坪漆，能有效保护自流平地面，使其不受磨损［图6-2（g）］。

（11）基层找平的平整度很重要，主要依靠制作标筋线与放线定位来参考，不能盲目对施工界面进行抹灰，否则很难达到平整效果。

（12）小面积墙面、构造找平也可以采用铝合金模板，模板的长度应超过2m，随时用水平尺校正。

（a）自流平水泥　　　　（b）地面找平　　　　（c）砂浆自流地面　　　　（d）赶刮平整

（e）地面分层　　　　　　（f）自流平水泥施工完毕　　　　　（g）涂刷环氧地坪漆

图6-2　自流平水泥施工

图6-2（a）：自流平水泥硬化速度快，4～5h后可上人行走，24h后可进行面层施工，施工快捷、简便，适用于对平整度要求较高的空间。

图6-2（b）：施工前应对地面进行找平，采用水泥砂浆填补凹陷，尽量保持表面平整。

图6-2（c）：将拌和好的自流平砂浆分散倒在地面上，让其自流。

图6-2（d）：采用刮板对不平整的部位进行刮涂，趁干燥之前将表面赶刮平整。

图6-2（e）：在施工区域边缘设置围挡构造，保持边界垂直平整，方便与其他地面铺装材料对接。

图6-2（f）：自流平水泥施工完毕后应待干养护，禁止踩压、行走。

图6-2（g）：自流平水泥施工结束后可依设计使用要求涂刷环氧地坪漆，此措施能有效保护自流平地面不受磨损。

第二节　油漆施工

　　油漆是最传统的涂饰材料，涂刷后能快速挥发干燥，形成良好的结膜，能有效保护装饰构造。根据不同油漆品种、涂饰施工方法的不同，施工前要配齐工具与辅料，熟悉不同油漆的特性，仔细阅读包装说明（图6-3、图6-4）。

一、清漆施工

　　清漆涂饰主要用于木质构造、家具表面涂饰，它能起到封闭木质纤维，保护木质表面，光亮美观的作用（图6-5）。

图6-3　油漆涂饰辅助材料

图6-3：油漆涂饰施工的工具品种很多，在正式施工前应配置齐全。

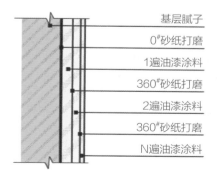

图6-4　常规油漆涂料涂装构造示意图

图6-4：每涂刷一次油漆涂料，待其干固后需使用不同规格的砂纸打磨表面。

图6-5 涂刷清漆

图6-5：现代装饰中的清漆多为调和漆，需要在施工中不断勾兑，在挥发过程中不断保持合适的浓度，保证涂饰均匀。

补充要点

淡季装饰油漆涂饰质量有保证

一般来说，夏季刷油漆效果更好，夏天温度高，油漆干得快，打磨也及时，油漆的亮光度能充分体现，刷出的漆面效果最佳。

（a）基层处理

（b）修补腻子

（c）涂刷清漆

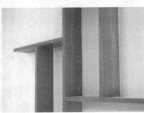
（d）清漆涂刷完毕

图6-6 清漆施工

图6-6（a）：木质构造制作完毕后应采用砂纸打磨转角部位，去除木质纤维毛刺。

图6-6（b）：将同色成品腻子填补至气排钉端头部位，将表面刮平整。

图6-6（c）：采用砂纸打磨后刷涂清漆，施工时应顺着纹理刷涂。

图6-6（d）：清漆涂刷完毕后注意养护，一定要等完全干燥后再涂饰周边的乳胶漆。

1. 施工方法

（1）清理涂饰基层表面，铲除多余木质纤维，使用0#砂纸打磨木质构造表面与转角。

（2）根据设计要求与木质构造的纹理色彩对成品腻子粉调色，修补钉头凹陷部位，待干后，用240#砂纸打磨平整［图6-6（a）、图6-7（b）］。

（3）整体涂刷第1遍清漆，待干后复补腻子，采用360#砂纸打磨平整，整体涂刷第2遍清漆，采用600#砂纸打磨平整。

（4）使用用频率高的木质构造表面涂刷第3遍清漆，待干后打蜡、擦亮、养护［图6-6（c）、图6-6（d）］。

2. 施工要点

（1）打磨基层是涂刷清漆的重要工序，应首先将木质构造表面的尘灰、油污等杂质清除干净，基层处理是保证涂饰施工质量的关键。

（2）施工时，应及时清理周围环境，防止尘土飞扬，任何油漆都有一定毒性，对呼吸道有较强的刺激作用，施工中要注意通风，戴上专用防尘口罩。

（3）上润油粉时，用棉丝蘸油粉涂抹在木器表面，用手来回揉擦，将油粉擦入到木质纤维缝隙内。

（4）为了防止木质材料在加工过程中受到污染，可以在木质材料进场后立即擦涂润油粉，或涂刷第1遍清漆。

（5）修补凹陷部位的腻子应经过仔细调色，根据木质纹理颜色进行调配，不宜直接选用成品彩色腻子。

（6）涂刷清漆时，手握油刷要轻松自然，手指轻轻用力，以移动时不松动、不掉刷为准。

（7）涂刷时蘸次要多，每次少蘸油，力求勤刷、顺刷，依照先上后下、先难后易、先左后右、先里后外的顺序操作。

（8）聚酯清漆的特性是结膜度较高，涂饰时应严格控制稀释剂等配套产品的掺加比例，严格按照包装说明执行，以刷涂为主，每遍涂刷都力求平整。

（9）水性清漆结膜度较低，但施工后不容易氧化变黄，以刷涂为主，采用软质羊毛刷施工，或采用喷涂方式施工。

二、混漆施工

混漆用于涂刷未贴饰面板的木质构造表面，或根据设计要求需将木纹完全遮盖的木质构造表面[图6-7（a）]。

1. 施工方法

（1）清理基层表面，铲除多余木质纤维，使用0#砂纸打磨木质构造表面与转角，在节疤处涂刷虫胶漆。

（2）对涂刷构造的基层表面作第1遍满刮腻子，修补钉头凹陷部位，待干后采用240#砂纸打磨平整。

（3）涂刷干性油后，满刮第2遍腻子，采用240#砂纸打磨平整[图6-7（b）~图6-7（d）]。

（4）涂刷第1遍混漆，待干后复补腻子，采用360#砂纸打磨平整，涂刷第2遍混漆，并打磨平整。

（5）在使用频率高的木质构造表面涂刷第3遍混漆，待干后打蜡、擦亮、养护。

2. 施工要点

（1）基层处理时，除清理基层的杂物外，还应对局部凹陷部位做腻子嵌补，砂纸应顺着木纹打磨，基层处理是保证涂饰施工质量的关键。

（2）施工时，应及时清理周围环境，防止尘土飞扬，任何油漆都有一定毒性，对呼吸道有较强的刺激作用，施工中要注意通风，戴上专用防尘口罩。

（3）在涂刷面层前，应用虫胶漆对有较大色差的木质板与木质结疤处进行封底。

（4）为了防止木质板材在施工中受污染，可以在板材基层预先涂刷干性油或清油，涂刷干性油时，所有部位应均匀刷遍，不能漏刷。

（5）底油干透后，满刮第1遍腻子，干后用砂纸打磨，然后修补高强度腻子，腻子以挑丝不倒为准，涂刷面层油漆时，应先用细砂纸打磨。

（6）涂刷混漆时，多采用尼龙板刷，应将混漆充分调和搅拌后，静置5min左右再涂刷，具体操作方法与上述清漆施工方法一致[图6-7（e）~图6-7（g）]。

（7）聚酯混漆的特性是结膜度较高，涂饰时应严格控制稀释剂等配套产品的掺加比例，严格按照包装说明执行，以刷涂为主，每遍涂刷都力求平整。

（8）醇酸混漆的结膜较厚，但施工后容易氧化变黄，以刷涂为主，不宜采用白色或浅色产品。

（a）混漆施工　　　　　　　　　　（b）满刮腻子　　　　　　　　　　（c）调配腻子颜色

（d）砂纸打磨

（e）混漆搅拌

（f）使用一般毛刷涂刷

（g）小号毛刷涂刷

图6-7　混漆施工

图6-7（a）：混漆的遮盖性强，需在施工中不断勾兑稀释剂，在挥发过程中不断保持合适的浓度，保证涂饰均匀。

图6-7（b）：采用成品腻子将涂饰界面满刮平整，腻子应能遮盖基层材料的色彩。

图6-7（c）：可以在腻子中添加颜料调色，使腻子的颜色与混漆的颜色相近。

图6-7（d）：待腻子干燥后，用砂纸将构造表面打磨平整。

图6-7（e）：将混漆倒入调和桶内均匀搅拌，搅拌时可适当添加稀释剂。

图6-7（f）：用毛刷将混漆涂刷至构造表面，并保持统一方向涂刷。

图6-7（g）：对于局部构造，应当采用小号毛刷施工，并顺着结构方向涂刷。

📖 补充要点

油漆涂饰施工

　　油漆涂饰施工的关键在于稀释剂的调和比例，很多施工员凭着经验掺入稀释剂，产品配套的稀释剂会出现不够用的情况，另外采购其他品牌或型号的稀释剂，造成最终涂饰质量不佳或材料浪费。此外，油漆涂饰施工应当果断，不能在原地反复涂饰。油漆涂饰的平整度主要依靠基层处理与后期打磨，单凭涂刷只能获得随机效果，平整度得不到校正，只有经过打磨才能保证完全平整，因此，涂刷施工应当反复且全面。

三、硝基漆施工

　　硝基漆的装饰效果特别平整、细腻，具有一定的遮盖能力，有清漆、混漆、裂纹漆等多种产品，现在常被用来取代传统油漆，用于涂饰木质构造。基层处理与上述油漆施工一致，只是工序更细致些，需要经过多次打磨与修补腻子。

1. 施工方法

（1）采用500#砂纸顺木纹方向打磨，去除毛刺、划痕等污迹，打磨后要彻底清除粉尘［图6-8（a）、图6-8（b）］。

（2）涂刷封闭底漆，待干燥8h后，再用1000#砂纸轻磨，并清除粉尘。

（3）擦涂水性擦色液，擦涂时应先按转圈方式擦涂，擦涂均匀后再顺木纹方向收干净，待干后将硝基底漆轻轻搅拌均匀，加入适量稀释剂，静置10min再涂刷［图6-8（c）］。

（4）每涂刷1遍，待干后打磨，再继续涂刷，一般涂刷4～10遍，最后进行打蜡、擦亮、养护。

2. 施工要点

（1）基层处理与上述其他油漆施工一致，对平整度的要求更高，喷涂构造周边应适当遮挡［图6-8（d）］。

（2）涂刷硝基漆时，应采用细软的羊毛板刷施工，顺木纹方向刷涂，注意刷涂均匀，间隔4～8h再重复刷1遍，待底漆干透后，用1000#～1500#砂纸仔细打磨，底漆需要涂刷3～4遍才有遮盖能力。

（3）待底漆施工完毕后可以涂饰面漆，涂饰面漆最好采取无气喷涂工艺，每次都要将硝基漆轻轻搅拌均匀，加入适量稀释剂，注意喷涂均匀，间隔4～8h再重复喷1遍。

（4）每次喷涂干燥后都要用1000#～1500#砂纸仔细打磨，面漆需涂刷4～5遍才有遮盖能力，对于台面、柜门等重点部位，累积涂饰施工要达到10遍［图6-8（e）、图6-8（f）］。

（5）硝基漆可以调色施工，调色颜料应采用同厂商的配套产品，或在厂商指定的专卖店调色。

（6）裂纹硝基漆多以刷涂为主，最后1遍裂纹剂应涂刷均匀，否则裂纹会大小不均，如没有施工经验可以预先在不醒目的部位作实验性操作，待熟练后再进行大面积施工。

（7）硝基漆施工周期长，需要长时间待干，工艺复杂，成本高，一般仅作局部涂饰，粗糙、简化的工艺效果可能还不如传统油漆［图6-8（g）～图6-8（i）］。

（a）修补腻子　　　　　　　（b）砂纸打磨　　　　　　　（c）调配硝基漆

（d）遮盖边缘　　　　　　　（e）喷涂　　　　　　　　　（f）大面积喷涂

（g）喷涂后放干　　　　（h）柜门涂漆后待干　　　　（i）砂纸打磨

图6-8　硝基漆施工

图6-8（a）：在构造基层上修补成品腻子，将气排钉的端头与凹陷部位修补平整。

图6-8（b）：采用砂纸打磨构造表面，保持基础界面绝对平整。

图6-8（c）：调配时，将稀释剂与硝基漆适当混合，搅拌均匀后添加至喷枪的储料罐中。

图6-8（d）：将涂饰构造周边用报纸封住，避免油漆沾染其他部位。

图6-8（e）：喷涂时，应快速、均匀挥动喷枪，保持喷涂间距。

图6-8（f）：大面积喷涂也应当统一方向，避免涂花、涂乱。

图6-8（g）：喷涂后的构件应当将外部饰面朝上摆放待干。

图6-8（h）：家具柜门应当放置在柜体的安装位置待干，并作方向标识与编号。

图6-8（i）：每次喷涂待完全干燥后都应当采用砂纸打磨，使其呈现出细腻平滑的效果。

四、基层油漆施工一览（表6-1）

表6-1 基层油漆施工一览表（以下价格包含人工费、辅材和主材）

品种	图示	性能特点	用途	价格 /（元 / 米²）
墙顶面抹灰		强度高，具有耐候性，能保护砌筑构造，厚度较大	砖砌隔墙、构造表面找平	40 ~ 50
自流平水泥		强度适中，能自流平整，表面光洁，不耐磨，需覆盖饰面材料	混凝土或水泥砂浆地面找平	60 ~ 80
清漆涂饰		呈透明状，表面结膜性较好，干燥较快，封闭性强，能有效保护木质构造	木质饰面构造涂饰	40 ~ 50
混漆涂饰		呈不透明状，表面结膜性较好，干燥较快，封闭性强，能有效保护木质构造	木质、金属、墙壁饰面构造涂饰	40 ~ 50
硝基漆涂饰		呈不透明状，表面平整、光滑，结膜性较好，干燥较慢，需多次施工才具有遮盖性	木质、金属、墙壁饰面构造涂饰	100 ~ 120

第三节　涂料施工

涂料施工面积较大，主要涂刷在墙面、顶面等大面积界面上，要求涂装平整、无缝，涂料具有遮盖性，能完全变更原始构造的色彩（图6-9）。

一、乳胶漆施工

乳胶漆在装饰中的涂饰面积最大，用量最大，是整个涂饰工程的重点（图6-10）。

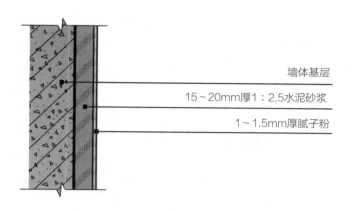

图6-9 涂料涂饰基层构造示意

图6-9：涂料涂饰前需要使用1：2.5水泥砂浆对施工界面进行处理，并涂刷腻子粉，腻子粉完全干固后才可涂刷涂料。

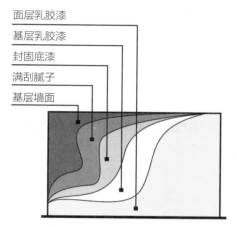

图6-10 乳胶漆施工构造示意

图6-10：乳胶漆施工前基层要处理干净，底漆、基层乳胶漆以及面层乳胶漆都应涂抹均匀，不宜太厚，也不宜太薄。

ⓡ 补充要点

真石漆施工

真石漆原来一直用于建筑外墙装饰，现在也开始用于各种背景墙局部涂饰，真石漆涂饰采用喷涂工艺，需要配置空气压缩机、喷枪和各种口径喷嘴。

1. 施工方法。首先清理涂饰基层表面，具体施工方法与上述乳胶漆涂饰一致；然后满刮腻子后对墙面进行毛面处理，待腻子干燥至50%时采用刮板在墙面压出凸凹面；根据界面特性选择涂刷封固底漆，复补腻子，整体喷涂第1遍真石漆；待干后再喷涂第2遍真石漆，待干后采用360#砂纸打磨平整，并喷涂两遍清漆罩光，养护7天。

2. 施工要点。真石漆施工前应涂刷封固底漆，干燥12h后才能进行真石漆施工。封固底漆应采用真石漆的配套产品，如果没有配套产品，也可采用乳胶漆的封固底漆替代。施工时需注意墙面基层处理与乳胶漆施工一致，涂刮最后1遍腻子完成后，要对涂刮界面进行毛面处理，以增加真石漆喷涂的吸附力度，可选用成品凸凹刮板，或将刮板在未完全干燥的腻子表面平整按压后立即拔开，这样能形成较明显的凸凹面。

打开真石漆包装后，应充分搅拌均匀，搅拌时间应不低于5min，搅拌后应立即将涂料装入喷枪储存容器中，进行喷涂，避免因延时而导致沉淀。此外，喷涂真石漆要选用真石漆喷枪，喷涂厚度约2~3mm，如需喷涂2~3遍，则需间隔2h以上，完全干燥24h后方可打磨。

由于真石漆质地较厚重，喷涂后可能会产生挂流现象，可在墙面上预先设置横向伸缩缝，伸缩缝深度与宽度均为5~10mm，伸缩缝间距小于800mm，同时也能防止施工后墙面开裂。

---

1. 施工方法

（1）清理涂饰基层表面，对墙面、顶面不平整的部位填补石膏粉腻子，采用封边条粘贴墙角与接缝处，用240#砂纸对界面打磨平整［图6-11（a）、图6-11（b）］。

（2）对涂刷基层表面作第1遍满刮腻子，修补细微凹陷部位，待干后采用360#砂纸打磨平整，满刮第2遍腻子，仍采用360#砂纸打磨平整。

（3）根据界面特性选择涂刷封固底漆，复补腻子磨平，整体涂刷第1遍乳胶漆，待干后复补腻子，采用360#砂纸打磨平整。

（4）整体涂刷第2遍乳胶漆，待干后采用360#

砂纸打磨平整，养护。

2. 施工要点

（1）基层处理是保证施工质量的关键环节，采用石膏粉加水调和成较黏稠的石膏灰浆，涂抹至墙、顶面线槽封闭部位，将水泥砂浆修补的线槽修补平整［图6-11（c）］。

（2）石膏粉修补完成后，应在石膏板接缝处粘贴防裂胶带，遮盖缝隙。

（3）对于木质材料与墙体直接的接缝应粘贴防裂纤维网，必要时可根据实际情况对整面墙挂贴防裂纤维网，这样能有效防止墙体开裂。

（4）墙、顶面满刮腻子是必备的基层处理工艺，现在多采用成品腻子加水调和成较黏稠的腻子灰浆，全面刮涂在墙、顶面上，对于已经涂饰过乳胶漆的墙面，应用360#砂纸打磨后再刮涂［图6-11（d）~图6-11（g）］。

（5）腻子应与乳胶漆性能配套，最好使用成品腻子，腻子应坚实牢固，不能粉化、起皮、裂纹。

（6）卫生间等潮湿处要使用耐水腻子，腻子要充分搅匀，黏度太大可适当加水，黏度小可加增稠剂，施工温度应高于10℃，建筑内部空间不能

有大量灰尘，最好避开雨天施工。

（7）对于已经刮涂过腻子的墙、顶面，可以根据实际平整度刮涂1遍，对于水泥砂浆抹灰墙面，要达到平整效果，最少应满刮两遍腻子，直至满足标准要求。

（8）施工时保证墙体完全干透是最基本条件，基层处理后一般应放置10天以上，采用360#砂纸打磨平整［图6-11（h）］。

（9）如需对乳胶漆进行调色，应预先准确计算各种颜色乳胶漆的用量，对加入的色彩颜料均匀搅拌，自主调色可以采用广告水粉颜料，适合局部墙面涂饰，如果用量较大应到厂商指定的乳胶漆专卖店调配［图6-11（i）、图6-11（j）］。

（10）乳胶漆涂刷的施工方法应采用刷涂、滚涂与喷涂相结合，涂刷时应连续迅速操作，一次刷完。

（11）涂刷乳胶漆时应均匀，不能有漏刷、流附等现象，涂刷1遍，打磨1遍，一般应具备两轮回。

（12）对于非常潮湿、干燥的界面，应涂刷封固底漆，涂刷第2遍乳胶漆之前，应根据现场环境与乳胶漆质量对乳胶漆加水稀释，第2遍乳胶漆涂饰完成后不再进行打磨，需注意的是，中档乳胶漆用量为12~18m²/L［图6-11（k）~图6-11（o）］。

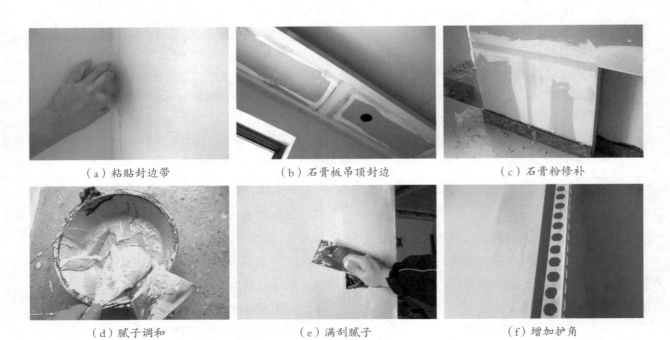

（a）粘贴封边带　　　　　　（b）石膏板吊顶封边　　　　　　（c）石膏粉修补

（d）腻子调和　　　　　　（e）满刮腻子　　　　　　（f）增加护角

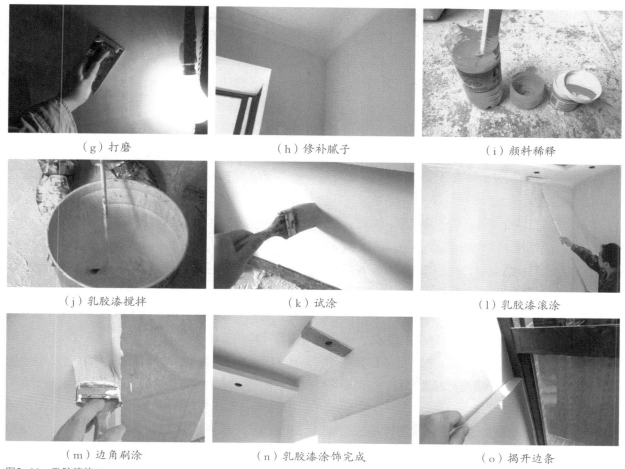

（g）打磨　　　　　　　（h）修补腻子　　　　　　（i）颜料稀释

（j）乳胶漆搅拌　　　　　（k）试涂　　　　　　　　（l）乳胶漆滚涂

（m）边角刷涂　　　　　（n）乳胶漆涂饰完成　　　　（o）揭开边条

图6-11　乳胶漆施工

图6-11（a）：墙面阴角与开裂处都应预先采用白乳胶粘贴防裂带。

图6-11（b）：石膏板构造的接缝处应先采用石膏粉填补，再粘贴封边条。

图6-11（c）：封边后应采用石膏粉再次修补，并将其打磨平整。

图6-11（d）：腻子粉调和应均匀细腻，无结块或粉团，调和后可采用铲刀与刮刀将其取出。

图6-11（e）：满刮腻子时应采用刮刀施工，并保持界面的平整度和细腻度。

图6-11（f）：阳角部位应先粘贴护角边条，再刮涂腻子将其封闭。

图6-11（g）：待腻子完全干燥后，采用砂纸打磨，打磨时应用灯光照射，检查表面平整度。

图6-11（h）：针对局部不平整的部位应再次修补腻子。

图6-11（i）：最简单的调色方式是采用水粉画颜料加水搅拌均匀，使其完全溶解。

图6-11（j）：将颜料倒入乳胶漆容器后，采用搅拌机搅拌均匀。

图6-11（k）：将调配好的彩色乳胶漆试涂在墙面低处，观察色彩效果，及时校正调色。

图6-11（l）：采用滚筒滚涂墙面乳胶漆，墙顶面边缘应当保留空白，避免彩色乳胶漆沾染顶面。

图6-11（m）：边角部位采用板刷刷涂，严格控制刷涂面积，避免沾染其他部位。

图6-11（n）：乳胶漆施工完成后应封闭门窗，让其自然缓慢干燥。

图6-11（o）：待乳胶漆完全干燥后再揭开边缘的封边条，揭开速度应缓慢均衡。

二、硅藻涂料施工

硅藻涂料涂饰后墙面具有一定弹性，肌理与色彩效果丰富，能吸附装饰中产生的异味，属于绿色环保材料。

1. 施工方法

（1）清理涂饰基层表面，具体施工方法与上述乳胶漆涂饰一致。

（2）满刮腻子后对墙面进行毛面处理，待腻子干燥至50%时采用刮板在墙面压出凸凹面。

（3）根据界面特性选择涂刷封固底漆，复补腻子，加水搅拌调和硅藻涂料［图6-12（a）、图6-12（b）］。

（4）将硅藻涂料涂抹至墙面，采用滚筒与刮板刮平，养护7天。

2. 施工要点

（1）墙面涂刮最后1遍腻子完成后，要对涂刮界面进行毛面处理，以增加硅藻涂料的吸附力度，可选用成品凸凹刮板，或将刮板在未完全干燥的腻子表面平整按压后立即拔开，这样能形成较明显的凸凹面。

（2）硅藻涂料施工前应涂刷封固底漆，干燥12h后才能进行硅藻涂料施工，封固底漆应采用硅藻涂料的配套产品，如果没有配套产品，也可以采用乳胶漆的封固底漆替代。

（3）打开硅藻涂料包装后，应加水充分搅拌均匀，加水量应根据产品包装说明一次性加足，搅拌时间应不低于10min，搅拌后应立即涂抹，避免因延时而导致干燥。

（4）由于硅藻涂料质地轻盈，为了防止墙面基层开裂与阳角破损，最好在涂刮腻子前在墙面满挂防裂纤维网，必要时可以在墙面阳角部位预埋护角边条，能有效防止施工后墙面发生开裂与破损。

（5）涂抹硅藻涂料应采用厂商提供的配套滚筒与刮板施工，第1遍滚涂厚度一般为5mm，待完全干燥后滚涂第2遍，第2遍厚度应小于5mm［图6-12（c）、图6-12（d）］。

（6）可以根据需要，采用刮板在墙面刮出不同的肌理效果，刮涂时不能用力按压，用力不可太猛，避免局部脱落，刮涂完毕后应及时修补残缺或厚薄不均的部位。

（7）硅藻涂料不适合顶面喷涂，容易引起挂流或脱落。施工后无须涂饰罩面漆，完全干燥需要7天左右，在干燥过程中应当喷水润湿，使基层与表面同步干燥［图6-12（e）］。

（a）硅藻涂料调和

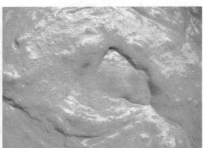
（b）静置

（c）修饰护角

（d）满刮墙面

（e）湿水养护

图6-12　硅藻涂料施工

图6-12（a）：硅藻涂料与水的比例应严格根据产品的说明书来配置，搅拌应均匀。

图6-12（b）：搅拌后的硅藻泥应均匀、黏稠，无粉团与结块。

图6-12（c）：在界面阳角部位应预先粘贴护角边条，采用硅藻泥封闭表面。

图6-12（d）：满墙刮涂硅藻涂料，待略干后可采用成型刮板对墙面进行图案肌理塑造。

图6-12（e）：硅藻涂料待干过程中应当采用喷壶将清水喷洒在墙面上，保持润湿，使其内外同时干燥。

> ℝ **补充要点**
>
> **彩绘墙面制作**
>
> 　　彩绘墙面是近年比较流行的装饰手法，它是在乳胶漆涂饰的基础上采用丙烯颜料对墙面做彩色绘画，彩绘墙面的绘制基础一般为乳胶漆界面。彩绘墙面的图案和色彩要服从整体设计风格，中式风格的图案色彩一般以黑色、红色、金色为主，图案主要来源于中国传统纹样。
>
> 　　彩绘墙面的制作方法虽然简单，但对制作者的绘画功底有一定要求，需要配置齐全各种材料。绘制时，下笔不能时轻时重，或将颜料调配得太稠，控制好勾线的力度，保持力量均匀，且要时刻补充稀释剂，保持线条润滑。换色时要将笔刷清洗干净，以免渗色污染墙面，如果画错了线条，不要急于擦拭，待颜料干了，用砂纸打磨后，再用墙面原始色乳胶漆遮盖，因此，在乳胶漆涂饰施工完毕后，最好保留一部分原始色乳胶漆备用。
>
> 　　此外，如果绘制界面为木质材料，应在绘制完成，待颜料完全干燥后再涂饰两遍聚酯清漆或水性清漆，乳胶漆界面无须再增加面层施工。

三、涂料施工一览（表6-2）

表6-2　　　　　　　　　涂料施工一览表（以下价格包含人工费、辅材和主材）

品种	图示	性能特点	用途	价格 /（元 / 米²）
乳胶漆涂饰		表面平整，可以随时调色，结膜性好，成本低廉	建筑内部空间墙面、顶面、构造等界面装饰	20 ~ 30
真石漆涂饰		表面粗糙，具有质感，能有效保护墙面，色彩纹理丰富，成本较高	室外墙面、构造界面装饰，建筑内部空间局部界面装饰	60 ~ 80
硅藻泥涂料	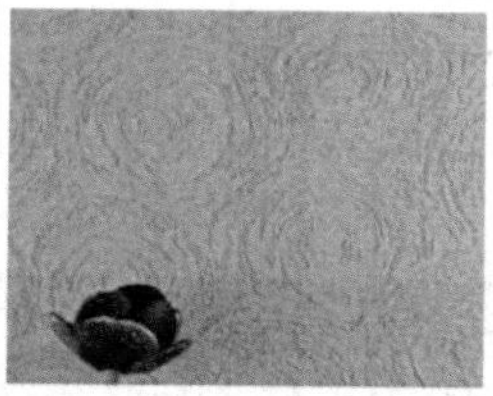	具有一定弹性，色彩、肌理、纹样丰富，能根据设计风格创意变化，成本较高	建筑内部空间墙面、顶面、构造等界面装饰	60 ~ 80
彩绘墙面		装饰效果较好，彩绘主题多样，与墙面形体统一创意，材料成本低，人工费较高	建筑内部空间主题墙、背景墙、构造等局部界面装饰	150 ~ 200

第四节　壁纸施工

　　壁纸属于高档墙面装饰材料，壁纸铺装对于施工员的技术水平要求较高，需要有一定的施工经验，施工质量要求平整、无缝。

一、普通壁纸施工

　　普通壁纸是指传统的纸质壁纸、塑料壁纸以及纤维壁纸等材料，普通壁纸的基层一般为纸浆，与壁纸胶接触后粘贴效果较好，壁纸铺装粘贴工艺复杂，成本高，应该严谨对待（图6-13、图6-14）。

1. 施工方法

　　（1）清理涂饰基层表面，对墙面、顶面不平整的部位填补石膏粉腻子，并用240#砂纸将界面打磨平整。

　　（2）对涂刷基层表面作第1遍满刮腻子，修补细微凹陷部位，待干后采用360#砂纸打磨平整，满刮第2遍腻子，仍采用360#砂纸打磨平整，对壁纸粘贴界面涂刷封固底漆，复补腻子磨平。

　　（3）在墙面上放线定位，展开壁纸检查花纹、对缝、裁切，设计粘贴方案，对壁纸、墙面涂刷专用壁纸胶，上墙对齐粘贴。

　　（4）赶压壁纸中可能出现的气泡，严谨对花、拼缝，擦净多余壁纸胶，修整养护7天。

2. 施工要点

　　（1）基层处理时，必须清理干净、平整、光滑，防潮涂料应涂刷均匀，不宜太厚，墙面基层含水率应小于8%，墙面平整度要用2m长的水平尺检查，高低差应小于2mm。

　　（2）混凝土与抹灰基层的墙面应清扫干净，将表面裂缝、凹陷不平处用腻子找平后再满刮腻子，打磨平。

　　（3）要根据需要决定刮腻子的遍数，木质基层应刨平，无毛刺，无外露钉头，接缝、钉头处要

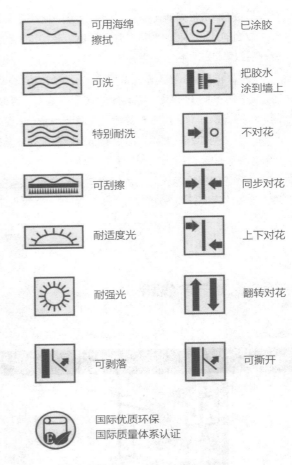

可用海绵擦拭　　已涂胶

可洗　　把胶水涂到墙上

特别耐洗　　不对花

可刮擦　　同步对花

耐适度光　　上下对花

耐强光　　翻转对花

可剥落　　可撕开

国际优质环保
国际质量体系认证

图6-13　壁纸包装标识

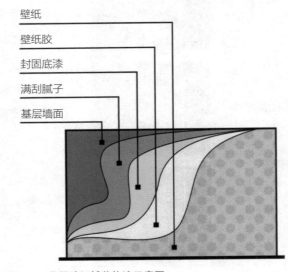

壁纸
壁纸胶
封固底漆
满刮腻子
基层墙面

图6-14　常规壁纸铺装构造示意图

用腻子补平后再满刮腻子，打磨平整。

（4）石膏板基层的板材接缝用嵌缝腻子处理，并用防裂带贴牢，表面再刮腻子，封固底漆要使用与壁纸胶配套的产品，涂刷1遍即可，不能有遗漏。针对潮湿环境，为了防止壁纸受潮脱落，还可以涂刷1层防潮涂料。

（5）涂胶时最好采用壁纸涂胶器，壁纸胶被加热后会涂得更均匀［图6-15（a）～图6-15（d）］。

（6）涂胶后的壁纸应放置3～5min后再粘贴至墙面上，粘贴时从上向下施工，先赶压中央，再先周边压平。

（7）接缝处应无任何缝隙，应戴手套施工，避免壁纸受到污染，注意保留开关面板、灯具的开口位置，用裁纸刀仔细切割墙面设备开口。

（8）粘贴壁纸前要弹垂直线与水平线，以保证壁纸、壁布横平竖直，图案正确的依据。拼缝时

先对图案、后拼缝，使上下图案吻合，不能在阳角处拼缝，壁纸要包裹阳角50mm以上［图6-15（e）～图6-15（h）］。

（9）塑料壁纸遇水后会膨胀，因此要用水将纸润湿，使塑料壁纸充分膨胀，纤维基材的壁纸遇水无伸缩，无须润纸，复合纸壁纸与纺织纤维壁纸也不宜润水。

（10）裱贴玻璃纤维壁纸与无纺壁纸时，背面不能刷胶粘剂，将胶粘剂刷在墙面基层上，因为该类型壁纸有细小孔隙，壁纸胶会渗透表面而出现胶痕，影响美观。

（11）全布艺面料壁纸应采用白乳胶铺贴，无须润水。

（12）粘贴壁纸后，要及时赶压出周边的壁纸胶，不能留有气泡，挤出的胶要及时擦干净，修整养护7天［图6-15（i）～图6-15（l）］。

（a）滚涂封闭底漆　　　　　（b）调配壁纸胶　　　　　（c）倒入涂胶器

（d）壁纸涂胶　　　　　（e）上墙对花　　　　　（f）赶压平整

（g）裁切边缘　　　　　（h）边角裁切　　　　　（i）赶压气泡

（j）清理表面

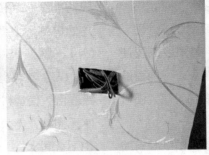
（k）裁切电源面板位置

（l）壁纸铺装完成

图6-15 普通壁纸施工

图6-15（a）：封闭底漆应选用壁纸的配套产品，采用滚筒滚涂至铺装界面上，待其完全干燥。

图6-15（b）：壁纸胶的品种较多，调配时加水即可，要根据包装说明来调配比例。

图6-15（c）：将调配好的壁纸胶静置10min后均匀倒入涂胶器。

图6-15（d）：将壁纸逐步匀速推拉，壁纸胶即会均匀涂至壁纸背面。

图6-15（e）：将壁纸上墙铺贴，特别注意对花的位置，应当无接缝、无错位。

图6-15（f）：采用刮板将对齐后的壁纸刮平，速度要快，如有未对齐，可以及时移动。

图6-15（g）：将端头多余壁纸裁切，美工刀应保持锐利。

图6-15（h）：边角部位应当先用刮板刮平对齐，再用美工刀顺着构造裁切。

图6-15（i）：将壁纸中的气泡赶压出来，时刻保持对花整齐。

图6-15（j）：采用抹布将壁纸接缝处的多余壁纸胶擦干净，并将壁纸压平。

图6-15（k）：待壁纸干燥后再裁切电源面板或其他开口部位，裁切的同时应当用刮板将壁纸刮平。

图6-15（l）：壁纸铺装完成后应封闭门窗养护，避免快速干燥后导致脱落或起泡。

二、液体壁纸施工

液体壁纸其实是一种可以变化颜色、图案、肌理的涂料，装饰效果独特，施工方法自由随意，对于工艺没有常规壁纸那么严格。

1. 施工方法

（1）清理涂饰基层表面，对墙面、顶面不平整的部位填补石膏粉腻子与成品，具体处理方法、要求与上述常规壁纸施工一致。

（2）采用刷涂或滚涂工艺，将基层液体壁纸涂料涂饰到墙面，施工方法与乳胶漆涂饰一致，待干后进行局部修补[图6-16（a）、图6-16（b）]。

（3）采用厂商提供的滚压模具，注入不同颜色的液体壁纸涂料，在墙面上滚涂，或采用印花模板，将不同颜色的液体壁纸涂料按先后顺序刮涂至墙面[图6-16（c）、图6-16（d）]。

（4）采用尼龙笔刷对滚花或印花涂料进行局部修补，待干后养护7天[图6-16（e）]。

2. 施工要点

（1）液体壁纸的基层施工方法与要点与常规壁纸一致，仍要注重墙面的平整度与清洁度。

（2）选购液体壁纸产品时，应对照厂商提供的参考图册选购配套工具，高档品牌产品会附送施工与工具，任何液体壁纸产品在选购时就应当确定最终的施工效果。

（3）第1遍涂装施工应采用滚涂的方式，将基层彩色涂料均匀、平整地涂装至界面上，待完全干燥后，才能进行第2遍涂饰。

（4）大多数液体壁纸产品的第2遍涂装材料与第1遍相同，只是颜色不同，施工时应定位放线，标出涂装位置，可以用铅笔作放线标记，施工完成后再用橡皮擦除。

（5）滚花施工是指采用专用滚花筒将涂料滚印在界面上，滚印时从下向上，从左向右施工，对齐接缝，每段滚印的高度不超过1m。

（6）对于以局部装饰为主的液体壁纸，可采取压印刮涂的方式施工，将配套模具固定在界面上，用刮板将第2遍涂装材料刮入模具纹理中，用于刮涂的材料黏稠度应较高，不应有流挂现象［图

6-17、图6-18］。

（7）液体壁纸的施工方式多样，无论是滚涂还是刮涂，施工完毕后总会有残缺，可用尼龙笔刷作局部修饰，养护7天。

（a）调和均匀

（b）底层喷涂

（c）模具刮涂

（d）滚筒压花

（e）液体壁纸施工完成

图6-16 液体壁纸施工

图6-16（a）：根据包装说明进行调配，搅拌均匀，调和后应当静置10min。

图6-16（b）：喷涂方法与真石漆施工一致，尽量保持均匀。

图6-16（c）：采用模具将液体壁纸颜料刮至界面上，赶压要有力，保证颜料能渗透至模板背后，注意对花整齐且无错缝。

图6-16（d）：采用滚筒压花施工最简单，但在施工过程中要格外注意对花，滚筒滚动时应匀速缓慢，以免速度过快导致出现褶皱。

图6-16（e）：液体壁纸施工完成后不能按压，养护方式与乳胶漆一致。

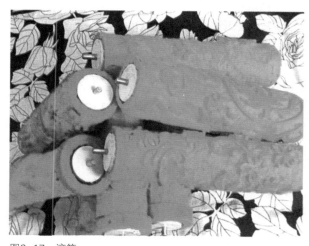

图6-17 滚筒

图6-17：滚筒的花型品种很多，价格较低，一套住宅可以选购2～3种。

图6-18 模板

图6-18：模板的花型也很丰富，价格较高，可以定制生产。

三、壁纸施工一览（表6-3）

表6-3 涂料施工一览表（以下价格包含人工费、辅材和主材）

品种	图示	性能特点	用途	价格 /（元 / 米²）
普通壁纸		花色品种繁多，图案纹理具有很强的装饰效果，质地单薄，易脱落，施工成本适中	墙顶面、家具、构造等界面装饰	30 ~ 50
液体壁纸		模具品种繁多，颜色种类较少，平整度好，需要精心搭配，施工成本较高	墙顶面、家具、构造等界面装饰	60 ~ 100

S 本章小结

油漆涂料施工后具有比较好的装饰效果，施工时按照工序一步步实施，最后呈现的装饰效果都不会太差，注意控制好涂饰量，以免出现色差或厚度不均等情况。

P 课后练习

1. 详细说明墙顶面抹灰的施工方法和施工要点。
2. 分点叙述自流平水泥施工的方法和具体注意事项。
3. 清漆如何施工？具体施工要点有哪些？
4. 混漆如何施工？施工需考虑哪些方面的问题？
5. 硝基漆如何施工？施工要点有哪些？

6. 乳胶漆、真石漆、硅藻涂料、彩绘墙面有何区别？具体如何施工？
7. 传统壁纸如何施工？施工过程中要注意哪些问题？
8. 液体壁纸如何施工才能获得更好的装饰效果？

第七章

设备安装施工

教学视频
（扫码下载）

PPT 课件
（扫码下载）

» **学习难度：**★ ★ ★ ☆ ☆

» **重点概念：**洁具安装、电路安装、设备安装

» **章节导读：**安装工程又称为收尾工程，是全套装饰的最后步骤，在前期装饰中涉及水电、木构等施工员都应如期到场作最后收尾工作，主要安装各种灯具、洁具、设备等。施工现场十分繁忙，一般顺序为从上至下，由内到外进行，施工过程中要保护好已经完成的装饰构造，需要有条不紊地组织施工。本章将重点讲解建筑内部空间相关设备安装的施工工作。

第一节　洁具安装

洁具安装是水路施工的完成部分，需要仔细操作，杜绝渗水、漏水现象发生。常用洁具包括洗面盆、水槽、蹲便器、坐便器、浴缸、淋浴房、水阀门等，形态、功能虽然各异，安装方法也不相同，重点在于找准给水与排水的位置，并连接密实，不能有任何渗水现象。

一、洗面盆安装

洗面盆是卫生间的标准洁具配置，形式较多，常见的洗面盆有台式、立柱式与成品柜体式三种，安装方法类似，且比较简单。

1. 施工方法

（1）检查给、排水口位置与通畅情况，打开洗面盆包装，查看配件是否齐全，精确测量给、排水口与洗面盆的尺寸数据。

（2）根据现场环境与设计要求预装洗面盆，进一步检查、调整管道位置，标记安装位置基线，确定安装基点［图7-1（a）、图7-1（b）］。

（3）从下向上逐个安装洗面盆配件，将洗面盆固定到位，并安装排水管道。

（4）安装给水阀门与连接软管，紧固排水口，供水测试，清理施工现场。

2. 施工要点

（1）确定洗面盆高度时，应结合使用者的身高来定，洗面盆上表面高度一般为750～900mm，具体高度应反复考虑。

（2）立柱式与成品柜体式洗面盆高度不足时，可以在底部砌筑台阶垫高。

（3）洗面盆与墙面接触部位应用中性硅酮玻璃胶嵌缝，安装时不能损坏洗面盆的表面镀层。

（4）洗面盆上表面应保持水平，采用水平尺测量校正，无论是哪种洗面盆，都应采用膨胀螺栓固定主体台盆，膨胀螺栓不应少于2个，悬挑成品柜体式洗面盆的膨胀螺栓不应少于4个。

（5）安装洗面盆时，构件应平整无损裂。洗面盆与排水管连接后应牢固密实，且便于拆卸，连接处不能敞口。

（6）从洗面盆台面上方300mm至地面的所有墙面应预先制作防水层，如没有制作防水层，应在墙面瓷砖缝隙处进一步填补防水勾缝剂［图7-1（c）～图7-1（f）］。

（7）对于现场制作台面的洗面盆应预先砌筑支撑构造，或采用型钢焊接支撑构件，采用膨胀螺栓固定在周边墙体上，型钢多采用边长60mm方钢与∠60mm角钢，焊接构架上表面铺设18mm厚的天然石材。

（8）配件的安装顺序应从下向上，先安装排水配件，再安装水阀门，最后配套梳妆镜与储物柜［图7-1（g）、图7-1（h）］。

（a）安装台柜　　　　（b）固定台柜　　　　（c）组装水阀　　　　（d）连接软管

（e）软管连接

（f）面盆安装

（g）安装梳妆镜与壁柜

（h）洗面盆安装完毕

图7-1　洗面盆安装

图7-1（a）：成品柜式洗面盆是当今卫生间的主流产品，需要预先安装底部台柜。

图7-1（b）：预先在墙面钻孔后，埋设膨胀塑料卡栓，并将螺钉固定在塑料卡栓上。

图7-1（c）：检查洗面盆后，将水阀门安装在开孔处，将给水软管连接至水阀门上。

图7-1（d）：给水软管的另一端连接墙面给水管端头，也可以根据需要增设三角阀。

图7-1（e）：连接软管时不宜将软管过度扭曲，以自然垂落后固定为佳。

图7-1（f）：将洗面台盆平稳放置在柜体上，靠墙的边缝处填补中性玻璃胶。

图7-1（g）：安装梳妆镜、壁柜等构造时，应注意横平竖直，如有电路应预留。

图7-1（h）：洗面盆安装完毕后应摆正水阀门的位置，并对水阀门进行固定。

二、水槽安装

水槽是厨房装饰的重要构造，主要用于盥洗碗筷、果蔬，多采用不锈钢制作，排水配件较多，安装较复杂。

1. 施工方法

（1）检查给、排水口位置与通畅情况，打开水槽包装，查看配件是否齐全，精确测量给、排水口与水槽的尺寸数据［图7-2（a）］。

（2）根据现场环境与设计要求预装水槽，进一步检查、调整管道位置，标记安装位置基线，确定安装基点。

（3）从下向上逐个安装水槽配件，将水槽固定到位，并安装排水管道。

（4）安装给水阀门与连接软管，紧固排水口，供水测试，清理施工现场。

2. 施工要点

（1）水槽都安装在橱柜台面上，橱柜台面应预先根据水槽尺寸开设孔洞，大小应刚合适，水槽所处的石材台面下方应有板材作支撑，以免水槽盛满水后塌陷［（图7-2（b）、图7-2（c）］。

（2）安装水槽时，构件应平整无损裂，水槽

的排水管连接方式应根据不同产品来操作，仔细阅读安装说明书后再安装，预装时不宜将各个部位紧固，要便于拆卸，待全部安装完成后再紧固密实，连接处不能敞口［图7-2（d）］。

（3）水槽底部下水口平面必须装有橡胶垫圈，并在接触面处涂抹少量中性硅酮玻璃胶。

（4）水槽底部排水管必须高出橱柜底板100mm，便于排水管的连接与封口，下水管必须采用硬质PVC管连接，严禁采用软管连接，并安装相应的存水弯［图7-2（e）、图7-2（f）］。

（5）从水槽台面上方300mm至地面的所有墙面应预先制作防水层，如没有制作防水层，应在墙面瓷砖缝隙处进一步填补防水勾缝剂。

（6）水槽与水阀门的连接处必须装有橡胶垫圈，以防水槽上的水渗入下方，水阀门必须紧固不能松动。

（7）水槽与台面的接触部位应用中性硅酮玻璃胶嵌缝，安装时不能损坏洗面盆表面的镀层。

（8）所有配件的安装顺序应从下向上，先安装排水配件，再安装水阀门，最后再安装洗洁剂罐、篮架等配套设施［图7-2（g）~图7-2（j）］。

（a）检查水槽配件

（b）加工橱柜台板

（c）水槽嵌入

（d）预装排水

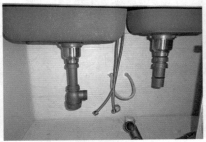
（e）连接排水管

（f）安装排水管

（g）玻璃胶封闭边缘

（h）连接软管

（i）水槽安装

（j）水槽安装完成

图7-2 水槽安装

图7-2（a）：仔细检查水槽产品的配件，缺少任何元件都无法安装。

图7-2（b）：将橱柜台面进行加工，根据水槽尺寸开设孔洞，并将边角修磨平整。

图7-2（c）：将水槽主体嵌入橱柜台面孔洞，摆放端正，不松动且周边无缝隙即可。

图7-2（d）：将排水构件预组装，仔细比较组装的逻辑性与合理性。

图7-2（e）：将水槽排水孔下的管道连接起来，注意水槽的使用频率，最常用的盆口下部应直接通向排水管。

图7-2（f）：注意正确安装排水管接头部位的橡皮垫圈，要辨清正确的安装方向，避免出现错误，延长工期。

图7-2（g）：排水构件安装完毕后，采用中性硅酮玻璃胶在台面上粘贴水槽。

图7-2（h）：固定水槽后再连接给水软管，软管与水阀门之间连接应紧密。

图7-2（i）：水槽下部的给排水构造应尽量简单，避免安装过多配件，防止漏水。

图7-2（j）：水槽上部构造应固定牢固，无任何松动，表面保持光洁整齐。

R 补充要点

橱柜安装施工

　　首先检查水电路接头位置与通畅情况，查看橱柜配件是否齐全，清理施工现场；然后根据现场环境与设计要求，预装橱柜，进一步检查、调整管道位置，标记安装位置基线，确定安装基点，使用电锤钻孔，并放置预埋件，裁切需要变化的柜体。紧接着从上至下逐个安装吊柜、地柜、台面、五金配件与配套设备，并将电器、洁具固定到位；最后测试调整，清理施工现场。

　　安装吊柜和地柜时注意各配件连接紧密，柜门缝隙要合适，注意日常的养护工作。安装抽油烟机时为了保证使用与抽烟效果，抽油烟机与灶台的距离一般为750~800mm。

三、水箱安装

蹲便器在地面回填时，可与回填用的水泥砂浆一并铺装在地面上，安装简单。但在铺贴地砖时要注意预留水箱的给水管，水箱是蹲便器的重要组成部分，也是一种较简易的洁具，价格相对较低，使用方便、卫生〔图7-3（a）〕。

1. 施工方法

（1）检查给、排水口位置与通畅情况，打开水箱包装，查看配件是否齐全，精确测量给、排水口与蹲便器的尺寸数据。

（2）根据现场环境与设计要求预装水箱，进一步检查、调整管道位置，标记安装位置基线，确定安装基点。

（3）采用水平尺校正水箱的安装位置，并进行精确放线定位，确定排水口对齐至排水管道〔图7-3（b）、图7-3（c）〕。

（4）安装给水管道与水箱配件，采用膨胀螺栓将水箱固定至墙面上，安装给水阀门与连接给水软管，紧固排水口，供水测试，清理施工现场。

2. 施工要点

（1）水箱的构造比较简单，无须安装三角阀，但给水软管应选用优质产品。

（2）蹲便器的安装位置与水箱要一致，水箱的安装高度应至少大于500mm，以水箱底部距离地面为准。

（3）蹲便器后方的排水管应选用水箱的配套产品，不宜选用其他管道替代，管道安装应与水箱位置对齐。

（4）水箱配件应预先组装，查看安装状态与效果，蹲便器给水管安装后连接墙面水箱，水平部分埋入回填层内，垂直部位独立于墙面，管道边缘与墙面间距为50mm〔图7-3（d）~图7-3（f）〕。

 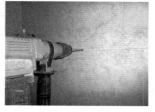

（a）蹲便器安装　　　（b）墙面钻孔

（c）安装水箱　　　（d）组装配件

（e）连接软管　　　（f）水箱安装完成

图7-3　水箱安装

图7-3（a）：蹲便器应与地面回填施工同时进行，安装后应涂刷防水涂料。

图7-3（b）：预先放线定位，采用电锤在墙面钻孔，也可以将转孔位置定在砖缝上。

图7-3（c）：水箱安装应保持平稳，采用水平仪校正，或贴齐墙面砖缝安装。

图7-3（d）：水箱中安装阀门配件，应紧密、无松动迹象。

图7-3（e）：常规水箱只有1根给水管，将其连接至给水管端口处拧紧，也可以根据需要增设三角阀。

图7-3（f）：水箱安装完毕后要进行冲水测试，应不渗水、不漏水，无余留。

（5）水箱应采用膨胀螺栓安装至墙面，膨胀螺栓应不少于2个，水箱安装应采用水平尺校对，水箱给水阀距地面高度为150~200mm。

（6）安装水箱必须保持进水立杆、溢流管垂直，不能歪斜，安装开关与浮球时，上下动作必须无阻，动作灵活。

（7）连接进水口的金属软管时，不能用力过大，以通水时不漏为宜，以免留下爆裂漏水的隐患。

四、坐便器安装

坐便器属于较高档的卫生间洁具，价格相对较高，使用舒适，适用于大多数卫生间安装，坐便器安装可在地面瓷砖铺装完毕后进行。

1. 施工方法

（1）检查给、排水口位置与通畅情况，打开坐便器包装，查看配件是否齐全，精确测量给、排水口与坐便器的尺寸数据。

（2）根据现场环境与设计要求预装坐便器，进一步检查、调整管道位置，标记安装位置基线，确定安装基点［图7-4（a）］。

（3）采用中性硅酮玻璃胶注入坐便器底部与周边，将坐便器固定到位，确定排水口对齐至排水管道。

（4）安装给水管道与水箱配件，安装给水阀门与连接软管，紧固排水口，供水测试，清理施工现场。

2. 施工要点

（1）坐便器安装应预先确定位置，选购坐便器时应注意排水口距离墙面的尺寸，一般有300mm与400mm两种规格，应根据这个规格来布置卫生间排水管。

（2）在大多数商品房的非下沉式卫生间内，预留的排水管与墙面之间的距离为300mm，应根据这个尺寸来选购坐便器。

（3）坐便器底座与地面瓷砖之间应注入中性硅酮玻璃胶，将坐便器与地面粘接牢固［图7-4（b）、图7-4（c）］。

（4）坐便器底部排水口应采用成品橡胶密封圈作为防水封口，坐便器底座禁止使用水泥砂浆安装，以防水泥砂浆的膨胀特性造成底座开裂。

（5）大多数坐便器的水箱与坐便器是一体化产品，独立水箱应采用膨胀螺栓安装至墙面，膨胀螺栓应不少于2个，水箱安装应采用水平尺校对，水箱给水阀距地面高度为150~200mm。

（6）安装水箱必须保持进水立杆、溢流管垂直，不能歪斜，安装开关与浮球时，上下动作必须无阻，动作灵活，最后安装盖板［图7-4（d）、图7-4（e）］。

（7）坐便器周边应预留地漏排水管，满足随时排水的需要，避免积水长期浸泡坐便器底部的玻璃胶而导致开裂或脱落［图7-4（f）］。

（8）连接进水口的金属软管时，不能用力过大，以通水时不漏为宜，以免留下爆裂漏水的隐患。

（9）带微电脑芯片的坐便器应在周边墙面预留电源插座，电源插座旁应设控制开关，插座高度应达600mm以上，距离各种给排水管的距离应大于300mm，电源插座应带有防水盖板，安装完毕后必须用塑料薄膜封好，避免表面损坏。

（a）修整排水管口

（b）涂抹玻璃胶

（c）加上垫圈

（d）安装水箱配件　　　　　　　（e）安装盖板　　　　　　　（f）封闭玻璃胶

图7-4 坐便器安装

图7-4（a）：采用切割机修整排水管端口，保留端口高度约10mm。

图7-4（b）：在坐便器低端，采用玻璃胶将不符合安装尺寸的排水孔封闭。

图7-4（c）：在排水孔对接部位增加橡胶封套，让坐便器的压力自然垂落，将其固定。

图7-4（d）：正确安装排水构件，将其固定在水箱中，不松动、不歪斜。

图7-4（e）：安装坐便器盖板，卡入时注意保持力度，避免用力过猛而导致变形断裂。

图7-4（f）：将坐便器摆放平整后，采用玻璃胶将底部边缘封闭，力求一次成型。

（a）连接排水管　　　　　　　（b）连接给水管　　　　　　　（c）浴缸安装完毕

图7-5 浴缸安装

图7-5（a）：在浴缸底部安装排水管构造，试水后再放平固定。

图7-5（b）：给水管安装方式与蹲便器水箱安装一致，拧紧但不宜用力过度。

图7-5（c）：花洒与其他配件应最后安装，尽量简洁，以使用者的生活习惯为主。

五、浴缸安装

浴缸形体较大，适合面积较大的卫生间安装，价格也相对较高，使用舒适，安装浴缸应考虑预先制作浴缸上表面周边墙面的防水层。

1. 施工方法

（1）检查给、排水口位置与通畅情况，打开浴缸包装，查看配件是否齐全，精确测量给、排水口与浴缸的尺寸数据。

（2）根据现场环境与设计要求预装浴缸，进一步检查、调整管道位置，标记安装位置基线，确定安装基点。

（3）安装给水管道与水箱配件，安装给水阀门与连接软管，确定排水口对齐至排水管道，紧固排水口［图7-5（a）、图7-5（b）］。

（4）采用中性硅酮玻璃胶注入浴缸周边缝隙，将浴缸固定到位，供水测试，清理施工现场［图7-5（c）］。

2. 施工要点

（1）浴缸安装应预先确定位置，选购浴缸时应仔细测量浴缸尺寸是否与卫生间空间相符，应根据浴缸规格来布置卫生间排水管。

（2）浴缸周边墙面基层应预先制作防水层，防水层应从地面开始，向上的高度应超过浴缸上表面300mm以上。

（3）安装浴缸时，检查安装位置底部及周边防水处理情况，检查侧面溢流口外侧排水管的垫片与螺帽的密封情况，确保密封无泄漏，检查排水拉杆动作是否操作灵活。

（4）铸铁、亚克力浴缸的排水管必须采用硬质PVC管或金属管道，插入排水孔的深度要大于50mm，经放水试验无渗漏后再进行正面封闭，在对应下水管部位留出检修孔。

（5）嵌入式浴缸周边的墙面砖应当待浴缸安装好后再进行铺装，使周边瓷砖立于浴缸边缘上方，以防止水沿墙面渗入浴缸底部。

（6）墙砖与浴缸周边应留出1～2mm嵌缝间隙，避免热胀冷缩的因素使墙砖与浴缸瓷面产生爆裂。

（7）浴缸安装的整体水平度必须小于2mm，浴缸水阀门安装必须保持平整，开启时水流必须超出浴缸边缘溢流口处的金属盖。

（8）安装带按摩功能的浴缸时，周边应预留电源插座，电源插座旁应设控制开关，电源插座与各种给排水管的距离应大于300mm，电源插座应带有防水盖板，安装完毕后必须用塑料薄膜封好，避免表面损坏。

R 补充要点

淋浴房和淋浴水阀安装

1. 淋浴房安装。淋浴房适用于绝大多数卫生间，安装简单方便，不占面积，但是淋浴房构造繁简不一，具体施工方法应按照产品说明书操作。首先检查给、排水口位置与通畅情况，打开淋浴房包装，查看配件是否齐全，精确测量给、排水口与淋浴房的尺寸数据；然后根据现场环境与设计要求预装淋浴房，记录安装位置基线，确定安装基点，安装围合框架；再安装给水管道与淋浴配件，安装给水阀门，确定排水口对齐至排水管道，紧固排水口；最后安装围合底盘、围合界面、顶棚等配件，采用中性硅酮玻璃胶在周边缝隙打胶，将各配件固定到位，进行供水测试，清理施工现场。

   需要注意的是，无论淋浴房是否有周边围合屏障，都应在墙面制作防水层，防水层从地面开始，高度应超过1800mm，墙面防水层宽度应超出淋浴房侧边300mm。此外，还需检查安装位置底部及周边防水处理情况，检查侧面溢流口外侧排水管的垫片与螺帽的密封情况，确保密封无泄漏，检查排水拉杆动作是否操作灵活。

2. 淋浴水阀安装。淋浴水阀适用于绝大多数卫生间，安装简单方便，不占面积。安装首先需检查给水口位置与通畅情况，打开水阀包装，查看配件是否齐全；然后将水阀安装至墙面给水管端口，并安装给水软管；根据需要，可以在给水管终端安装三角阀，将给水软管连接至三角阀上，或直接连接至水管终端；最后将各配件固定到位，供水测试，并清理施工现场。

   需要注意的是，水阀门与洁具之间应用橡胶垫圈密封，且安装三角阀时，应将装三角阀的出水口向上，不宜固定过紧，紧固至90%即可，给管道之间的衔接应预留一定的缩胀余地，防止软管扭曲变形而导致破裂。

六、洁具安装对比一览（表7-1）

表7-1　　　　　　　　洁具安装对比一览表（以下价格包含人工费、辅材，不含洁具设备）

类别	图示	性能特点	用途	价格
洗面盆安装	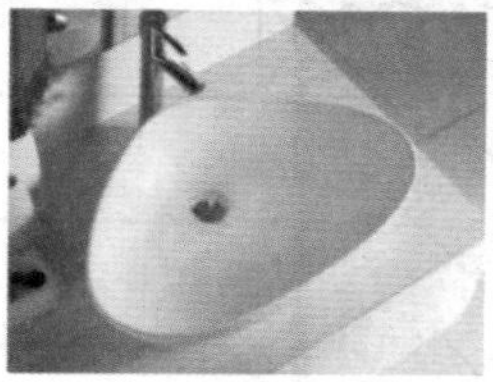	安装平稳，无松动，无渗水、漏水，周边密封性好	卫生间盥洗	40～50元/件
水槽安装		排水管构件安装紧密，无松动，无渗水、漏水，周边密封性好	厨房盥洗	30～40元/件
水箱安装		安装平稳，无松动，无渗水、漏水，周边密封性好	蹲便器冲水	20～30元/件
坐便器安装		安装平稳，结构牢固，无松动，无渗水、漏水，周边密封性好	卫生间排便	40～50元/件
浴缸安装	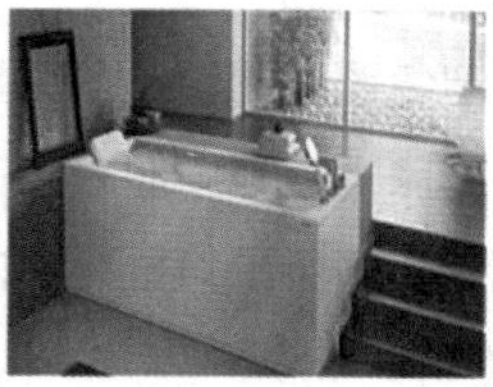	安装平稳，无松动，无渗水、漏水，周边密封性好	卫生间洗浴	40～50元/件
淋浴房安装		安装平稳，无松动，无渗水、漏水，周边密封性好	卫生间淋浴围合、防水	80～100元/套
淋浴水阀安装		安装平稳，结构牢固，无松动，无渗水、漏水，周边密封性好	卫生间淋浴	40～50元/件

第二节　电路安装

灯具的样式很多，虽然安装方法基本一致，但操作细节却完全不同，特别注意客厅、餐厅大型吊灯的组装工艺，最好购买带有组装说明书的中、高档产品（图7-6）。

一、顶灯安装

顶灯即安装在空间顶面的灯具，一般包括吸顶灯、装饰吊灯等，随着灯具造型的变化与发展，很难区分吸顶灯与装饰吊灯的差异，一般都在地面或工作台上将灯具分步骤组装好，再安装到顶面。

1. 施工方法

（1）处理电源线接口，将布置好的电线终端按需求剪切平整，打开灯具包装查看配件是否齐全，并检验灯具工作是否正常［图7-7（a）］。

（2）根据设计要求，在安装顶面上放线定位，确定安装基点，使用电锤钻孔，并放置预埋件。

（3）将灯具在地面或工作台上分部件组装好，从上向下依次安装灯具，同时安装电线，接通电源进行测试调整。

（4）将灯具上的固定件紧固到位，安装外部装饰配件，清理施工现场。

2. 施工要点

（1）顶灯安装前应熟悉灯具产品配件，选购

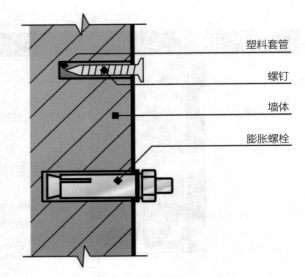

图7-6　螺钉与膨胀螺栓安装构造示意图

图7-6：安装灯具时要注意调整好膨胀螺栓和螺钉与墙体的关系，安装需牢固。

带有安装说明书的正规产品，检查灯具的型号、规格、数量等是否符合设计用规范要求。

（2）顶面放线定位应准确，大多数顶灯安装在顶面正中央，可以采取连接对角线的方式确定顶面的正中心位置，用铅笔作标记即可，避免污染顶面已经完工的涂饰界面。

（3）安装电气照明装置一般采用预埋接线盒、吊钩、螺钉、膨胀螺栓或膨胀螺钉等固定方法，严禁使用木楔固定，每个顶灯固定用的螺栓应不少于3个［图7-7（b）～图7-7（e）］。

（4）顶灯在易燃结构、装饰吊顶或木质家具上安装时，灯具周围应采取防火隔热措施，并选用

（a）打开灯具包装

（b）灯具测量定位

（c）电线移位

（d）钻孔

（e）安装电路

（f）固定灯具

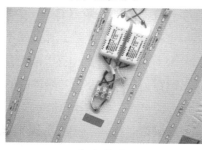
（g）接线

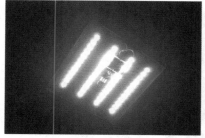
（h）通电检测

（i）顶灯安装完成

图7-7　顶灯安装

图7-7（a）：打开灯具包装，仔细查看配件是否齐全，必要时可临时通电检测。

图7-7（b）：在顶面测量尺寸，再次确定灯具的安装位置。

图7-7（c）：根据安装位置变动电线，对长度不足的电线进行延长，采用电工胶带缠绕接线部位。

图7-7（d）：根据定位在顶面钻孔，并在孔中放置塑料钉卡。

图7-7（e）：将电线插入灯具的接线端子中，插接应紧密，无松动。

图7-7（f）：将灯具基座固定至顶面，螺丝固定应紧密。

图7-7（g）：再次检查电线的接触点，理清电线，将多余电线均衡缠绕。

图7-7（h）：通电检测，观察灯具中的发光体是否全亮，反复多次开关测试灯具，观察其亮度变化。

图7-7（i）：确认安装开关正常后，将灯罩安装至基座上，将灯罩放置端正。

冷光源的灯具。

（5）灯具安装后，高度小于2.4m的灯具，金属外壳均应接地，保证使用安全；灯具安装后，高度小于1.8m的灯具，其配套开关手柄不应有裸露的金属部分。

（6）在卫生间、厨房装矮脚灯头时，宜采用瓷螺口矮脚灯头，螺口灯头的零线、火线（开关线）应接在中心触点端子上，零线接在螺纹端子上[图7-7（f）～图7-7（i）]。

（7）当灯具重量大于3kg时，应在顶面楼板上钻孔，预埋膨胀螺栓固定安装。

（8）吊顶或墙板内的暗线必须有阻燃套管保护，在装饰吊顶上安装各类灯具时，应按灯具安装说明的要求进行安装。

二、壁灯安装

壁灯是指安装在空间墙面或构造侧面的灯具，主要包括壁灯、镜前灯、台灯等，一般都在地面或工作台上将灯具分步骤组装好，再安装到墙面或构造侧面。

1. 施工方法

（1）处理电源线接口，将布置好的电线终端按需求剪切平整，打开灯具包装查看配件是否齐全，并检验灯具工作是否正常。

（2）根据设计要求，在安装墙面或构造侧面上放线定位，确定安装基点，使用电锤钻孔，并放置预埋件[图7-8（a）]。

（3）将灯具在地面或工作台上分部件组装好，从上向下依次安装灯具，同时安装电线，接通电源进行测试调整［图7-8（b）~图7-8（d）］。

（4）将灯具上的固定件紧固到位，安装外部装饰配件，清理施工现场［图7-8（e）~图7-8（g）］。

2. 施工要点

（1）壁灯安装方法与要求应与顶灯一致，定位放线比较简单，但要确定好安装高度与水平度，应采用水平尺校对安装支架或预埋件。

（2）壁灯安装的预埋件一般为膨胀螺钉，每个壁灯固定用的膨胀螺钉应不少于2个。

（3）壁灯在易燃结构、木质家具上安装时，灯具周围应采取防火隔热措施，并选用冷光源的灯具，墙板与家具内的暗线必须有阻燃套管保护。

（4）当灯具重量大于3kg时，仍需要采用预埋膨胀螺栓的方式固定，且不能直接安装在石膏板或胶合板隔墙上，应在墙体中制作固定支架与基层板材，这些都应与隔墙中的龙骨连接在一起。

（5）在砌筑墙体上安装这类大型灯具时，膨胀螺栓的安装深度不应超过墙体厚度的60%。

（6）不少吸顶灯的造型简洁，也可以安装在墙壁上，但是不能减少固定螺丝或螺栓的数量。

（7）固定壁灯的膨胀螺丝或膨胀螺栓孔洞要避免与墙体中的线管发生接触，两者之间的距离应大于20mm。

（8）壁灯安装完成后，不能在灯具上挂置任何物件，不能将壁灯当作其他装饰构造的支撑点。

（a）钻孔　　　　　　　　　（b）固定　　　　　　　　（c）修剪电线端头

（d）通电检测　　　　（e）固定电线　　　　（f）安装灯罩　　　　（g）壁灯安装完成

图7-8　壁灯安装

图7-8（a）：壁灯较轻，安装较简单，但钻孔应到位，不能人为减少孔洞。

图7-8（b）：螺丝固定时不宜过紧，以免破坏造成壁灯基座变形，导致壁灯的基座能从侧面看到，影响美观。

图7-8（c）：将电线端头修剪整齐，长度一致，将铜芯裸露出来。

图7-8（d）：将电线插入灯具基座上的端头，通电检测，观察亮度与电源接触状况。

图7-8（e）：安装时要将多余电线整齐盘绕起来，在接头处缠绕电工胶布。

图7-8（f）：将灯具外罩安装至基座上，调整背后间隙与平整度。

图7-8（g）：壁灯安装完毕后擦除周边灰尘，保持灯具外观整洁。

三、灯带安装

灯带是指安装在装饰吊顶或隔墙内侧的灯具，一般为LED软管灯带与T4型荧光灯管，通过吊顶或隔墙转折构造来反射光线，可以营造出柔和的灯光氛围。

1. 施工方法

（1）处理电源线接口，将布置好的电线终端按需求剪切平整，打开灯具包装并查看配件是否齐全，将灯具固定在构造内部。

（2）将灯具在地面或工作台上分部件组装好，从上向下依次安装灯具，同时安装电线，接通电源进行测试调整［图7-9（a）、图7-9（b）］。

（3）将灯具上的固定件紧固到位，安装外部装饰配件，清理施工现场。

2. 施工要点

（1）灯带安装方法及要求与顶灯、壁灯一致，无须定位放线，灯具长度应预先测量安装构造后，按尺寸选购。

（2）组装灯带时应安装配套的整流器，每根独立开关控制的灯带都应配置1个整流器。

（3）LED软管灯带连接电线后，可直接放置在吊顶凹槽内，从地面向上观望，应看不到灯具形态，灯具发光的效果应当均匀，不应过度弯曲，忽明忽暗。

（4）墙面灯槽内应安装固定卡口件，卡口件固定间距为500mm左右［图7-9（c）］。

（5）T4型荧光灯管都带有基座与整流器，连接好电线后，应将基座正立在灯具凹槽内，每件T4型荧光灯管的基座应至少固定2个卡口件。

（6）T4型荧光灯管安装时应首尾紧密对接，排列整齐，从地面向上观望，应看不到灯具形态，灯具发光的效果应均匀［图7-9（d）］。

（7）灯带安装完成后，应保持灯槽通风，不能在灯槽内填塞任何物件，进场清除灯槽内灰尘。

（a）安装整流器　　　　　（b）通电检测

（c）调整灯带位置　　　　（d）调整灯光效果

图7-9　灯带安装

图7-9（a）：灯带端头应配置整流器，与电线连接，周边应宽松。

图7-9（b）：安装前或安装过程中应至少通电检测1次，以免安装后出现问题又反复拆装。

图7-9（c）：在通电状态下仔细调整灯带的位置，这些都会影响发光的均衡效果。

图7-9（d）：灯带安装完毕后，从外观上仔细检测灯光效果，再次调整均衡效果。

补充要点

开关插座面板安装

　　在安装施工中，开关插座面板应待墙面涂饰与灯具安装完毕后再安装，是电路施工的最后组成部分。安装时应先处理电源线接口，将布置好的电线终端按需求剪切平整，打开开关插座面板包装，查看配件是否齐全；然后将接线暗盒内部清理干净，将暗盒周边腻子与水泥砂浆残渣仔细铲除；再将电线按设计要求与使用功能连接至开关插座面板背面的接线端口。连接后，仔细检查安装顺序与连接逻辑，并确认无误；最后将多余电线弯折后放入接线暗盒中，扣上开关插座面板，采用螺丝固定，清理面板表面，通电检测即可。

四、电路安装一览（表7-2）

表7-2　　　　　　　　　　电路安装一览表（以下价格包含人工费、辅材，不含电路设备）

类别	图示	性能特点	用途	价格
顶灯安装	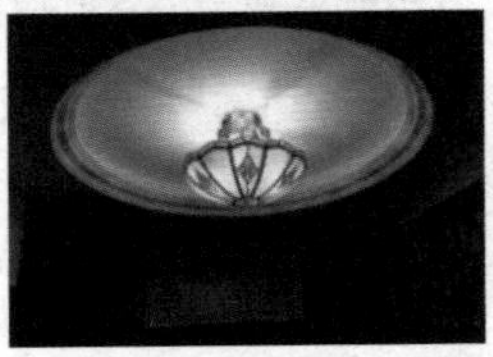	安装牢固、平整，需要精确测量、定位后安装	吊顶、吸顶灯安装	30～50元/个
壁灯安装		安装牢固、平整	壁灯、门前灯、镜前灯安装	20～40元/个
灯带安装		内部固定牢固，安装平直	吊顶、背景墙构造内部安装	3～5元/米
开关插座面板安装		安装牢固、平稳、无松动，线路连接正确	墙顶面、构造界面安装	10～20元/个

第三节　设备安装

　　建筑内部空间装饰设备主要包括热水器、地暖、空调等，虽然这些设备大多由产品经销商承包安装，但了解相关施工工艺，才能有效监督，保证施工质量。

一、热水器安装

1. 施工方法

（1）根据使用要求选择合适的安装位置，在墙面上定位、钻孔并安装预埋件［图7-10（a）、图7-10（b）］。

（2）将热水器主机安装到墙面上，并连接排烟管。

（3）使用配套软管连接水管、燃气管，并进行紧固。

（4）通气、通电、通水检测，调试完毕。

2. 施工要点

（1）安装燃气热水器的空间高度应大于2.5m，直接排气式热水器严禁安装在浴室或卫生间内，烟道式（强制式）与平衡式热水器可以安装在卫生间内，但安装烟道式热水器的卫生间，其容积不应小于热水器每小时额定耗气量的3.5倍。

（2）热水器应设置在操作、检修方便又不易被碰撞的部位，热水器前方的空间宽度应大于800mm，侧边离墙的距离应大于100mm。

（3）热水器应安装在坚固耐火的墙面上，当设置在非耐火墙面时，应在热水器的后背衬垫隔热耐火材料，其厚度应大于10mm，每边超出热水器外壳距离应大于100mm。

（4）热水器的供气管道宜采用金属管道包括金属软管连接，热水器的上部不能有明装电线、电器设备，热水器的其他侧边与电器设备的水平净距应大于300mm，或采取其他隔热措施。

（5）热水器与木质门、窗等可燃物的间距应大于200mm，或采取其他阻燃措施。热水器的安装高度，观火孔距离地面应在1.5m左右［图7-10（c）～图7-10（f）］。

（6）热水器的排烟方式应根据热水器的排烟特性正确选用，直接排气式热水器装在有排气窗的空间内，上部应有净面积大于$0.16m^2$的排气窗，门的下部应有大于$0.1m^2$的进风口，宜采用排风扇排风，风量应大于$10m^2／MJ$。

（7）烟道式热水器应装在有烟道的房间，上部及下部进风口的设置要求同直接排气式热水器。

（8）平衡式热水器的进、排风口应完全露出墙外，热水器穿越墙壁时，在进、排气口的外壁与

（a）布置穿管

（b）埋入燃气管

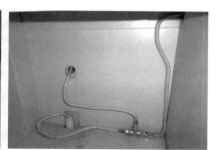
（c）管道分接

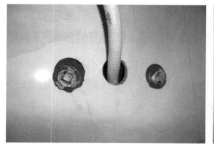
（d）燃气管与给水管

（e）给水管安装

（f）燃气管安装

（g）安装报警器与烟囱　　　　　　　（h）烟囱连接户外

图7-10　热水器安装

图7-10（a）：在铺贴墙地砖之前应当预先埋设PVC管，管道位置与燃气总阀对应。

图7-10（b）：将不锈钢穿入波纹管再穿入PVC管，端头预留长度约为500mm。

图7-10（c）：燃气管应在适当部位分接，一路供给燃气灶具；另一路供给热水器。

图7-10（d）：铺装墙面砖后，应对正管道位置开孔，不能歪斜或错位。

图7-10（e）：安装不锈钢波纹管应将管材均匀弯折，保持基准垂直与水平，下端安装三角阀，以便随时检修。

图7-10（f）：燃气管安装时，应将报警器信号线插入热水器端口，以便有事故发生时热水器可以及时警报。

图7-10（g）：报警器与烟囱安装都必不可少，烟囱应从吊顶扣板上方连接。

图7-10（h）：烟囱连接至户外时应注意安装的位置，上方应有屋檐遮挡雨水。

墙的间隙用非燃材料填塞 [图7-10（g）、图7-10（h）]。

（9）热水器的管道连接方法及要点与上述洁具施工一致，周边应预留电源插座，电源插座旁应设控制开关，电源插座与各种给排水管的距离应大于300mm，电源插座应带有防水盖板，安装完毕后必须用塑料薄膜封好，避免表面损坏。

（10）电热水器与太阳能热水器安装方法较简单，应在水路施工中预留管道与电源插座。

（11）安装电热水器主要考虑承重问题，电热水器应安装在厚度大于180mm的砌筑隔墙上。

（12）太阳能热水器多安装在屋顶，连接屋顶与卫生间之间的管道应小于6m，并做好隔热、保温措施。

二、地暖安装

地暖是近年来比较流行的取暖设备，主要有水暖与电暖两种，地暖设备安装复杂，成本较高，应严谨施工（图7-11）。

1. 施工方法

（1）根据设计图纸确定锅炉安装位置，放线定位，安装预埋件，将锅炉安装在指定位置。

（2）清理地面基层，在地面铺装隔热垫，展开管道与配件 [图7-12（a）、图7-12（b）]。

（3）在地面铺装循环水管道，将管道连接至锅炉，安装分水阀门。

（4）通气、通电、通水检测，调试完毕。

2. 施工要点

（1）地暖施工前应经过细致、全面地设计，一般较大的空间更适合使用地暖，面积小于60m² 不建议使用地暖，以免造成浪费。

（2）锅炉应安装在地面，采用膨胀螺栓固定支架，膨胀螺栓数应不少于4个，其他安装要求与上述热水器相当。

（3）布置地面管道之前应对地面进行找平处理，地面铺装隔热毡，管道间距一般为250～300mm，采取循环布置的方式，覆盖空间内的全部地面 [图7-12（c）]。

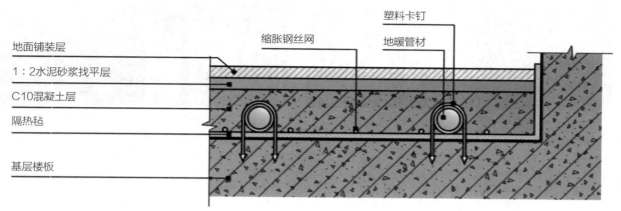

图7-11 地暖安装构造示意图

（4）地暖系统需要在墙体、柱、过门等与地面垂直交接处敷设伸缩缝，伸缩缝宽度不应小于10mm，当地面面积超过30m²或边长超过6m时，应设置伸缩缝，伸缩缝宽度不宜小于8mm。

（5）铺设带龙骨的木地板无须填充混凝土，如果铺装地砖需对管道铺装填充混凝土，应注意保护伸缩缝不被破坏。

（6）填充层能保护塑料管和使地面温度均匀的构造层，一般为豆石混凝土，石子粒径不应大于10mm，1∶3水泥砂浆，混凝土强度等级不小于C15，填充层厚度以完全覆盖管道为准，平整度应小于3mm[图7-12（d）、图7-12（e）]。

（7）加热管内水压不应低于0.6MPa，地暖加热管安装完毕且水压试验合格后48小时内完成混凝土填充层施工，混凝土填充层施工中，严禁使用机械振捣设备，施工人员应穿软底鞋，采用平头铁锹。

（8）地暖管道接通后应试运行，初次加热的水温应严格控制，升温过程一定要保持平稳和缓慢，确保建筑构件对温度上升有一个逐步变化的适应过程。

（9）地暖初始加热时，调试热水升温应平缓，供水温度应控制在比当时环境温度高10℃左右，且不应高于32℃，并应连续运行48h，以后每隔24h水温升高3℃，直到达到设计供水温度。

（10）在合适的供水温度下应对每组分水器、集水器连接的加热管逐路进行调节，直至达到设计要求，施工完毕后将地面进行回填找平，并做好标识，以免后期施工将其破坏[图7-12（f）～图7-12（h）]。

（11）进入后期装饰施工时，不得剔、凿、割、钻和钉填充层，不得向填充层内楔入任何物件。

（12）面层的施工，必须在填充层达到要求强度后才能进行，面层在与内外墙、柱等交接处，应留8mm宽伸缩缝，采用踢脚线遮挡。

（13）木地板铺设时，应留大于14mm的伸缩缝，对于卫生间，应在填充层上部再制作1遍防水。

（a）铺装隔热垫

（b）给暖水管安装

（c）给暖水管局部

（d）混凝土回填

（e）豆石回填　　　　（f）安装分水器　　　　（g）安装锅炉　　　　（h）地暖安装完成

图7-12　地暖安装

图7-12（a）：隔热垫应铺装平整，接缝处粘贴紧密，不应存在缝隙，周边应向墙面拓展约50mm。

图7-12（b）：给暖水管安装时应布置均匀，各管道之间保持的间距应一致。

图7-12（c）：给水软管与地面之间的衔接应当整齐，并采用管卡固定至地面上。

图7-12（d）：安装地暖时，加入金属缩胀网能有效防止混凝土开裂，混凝土铺装应注意保护管道。

图7-12（e）：豆石铺填更适用于带龙骨的木地板铺装，豆石能有效传导热量。

图7-12（f）：分水器应安装在厨房、卫生间或较开阔的部位，方便检修，但距离锅炉不能太远。

图7-12（g）：锅炉安装方法与热水器相当，只是在附近应连接分水器。

图7-12（h）：混凝土回填后应采用水泥砂浆找平，并以红色字体作醒目标识。

三、设备安装一览（表7-3）

表7-3　　　　　　　　　设备安装一览表（以下价格包含人工费、辅材，不含设备）

类别	图示	性能特点	用途	价格
热水器安装		管道安装较复杂，对安全要求较高，应安装在通风透气部位	厨房、走道安装	150～200元／件
地暖安装		管道安装较复杂，对防水要求较高，管道连接紧密，一次成型	有取暖需求的地面安装	150～200元／米^2
中央空调安装		管道安装很复杂，对防水要求较高，管道连接紧密，一次成型	面积较大的复式住宅或别墅安装	1500～2000元／套

ℝ 补充要点

中央空调安装

　　空调多采用分体式，主机挂在室外，分机挂在建筑内部空间。空调安装首先要根据设计图纸确定空调室外主机与室内分机的安装位置，放线定位，安装预埋件，将主机、分机安装到指定位置，并包裹好；然后依次安装冷媒管、冷凝水管、信号线，并保护好冷媒管接头，并给管道充入氮气进行压力测试，再给室外主机充填冷媒，测试中央空调系统；再测量出风口与回风口的尺寸、位置，放线定位，安装预埋件，安装出风口与回风口，连接管线，设备运行测试；最后再依据设计制作相对应的吊顶构造。

　　在安装过程中需注意先确定主机、分机位置后再安装管道，包括冷媒管、冷凝水管以及电源线，且中央空调分机的回风口应朝下面，新风口应朝侧面；所设计的木龙骨吊顶也应将空调分机罩住，但不能与空调连接，不能将吊顶的重量挂在空调设备上。

---

§ 本章小结

建筑装饰工程中所运用的所有设备都有其特定的安装方法，熟悉这些设备的安装步骤以及具体的施工要点，能更有效地实现工程监督，同时对于施工质量也有一定的保障。

ℙ 课后练习

1. 简述洗面盆安装的施工方法和施工要点。
2. 分点说明水槽安装的具体施工方法和施工要点。
3. 详细阐述水箱、坐便器、浴缸各有何特点，具体安装工作如何实施。
4. 简述淋浴房和淋浴水阀安装的方法。
5. 顶灯如何安装？安装时需要注意哪些问题？
6. 壁灯如何安装更符合大众所需？安装时需要注意哪些事项？
7. 灯带具体施工步骤包括哪些？施工要点又有哪些？
8. 观摩热水器安装的全过程，并撰写施工报告。
9. 观摩地暖安装的全过程，并撰写学习报告。

参考文献

REFERENCE DOCUMENTS

[1] 杨嗣信. 高层建筑施工手册：第2版 [M]. 北京：中国建筑工业出版社，2017.

[2] 李继业，周翠玲，胡琳琳. 建筑装饰装修工程施工技术手册 [M]. 北京：化学工业出版社，2017.

[3] 董武. 建筑设备工程施工工艺与识图 [M]. 天津：西南交通大学出版社，2015.

[4] 郝永池，薛勇. 建筑装饰施工技术 [M]. 北京：清华大学出版社，2013.

[5] 冯占红. 建筑装饰工程施工工艺与预算 [M]. 北京：化学工业出版社，2009.

[6] 倪安葵. 建筑装饰装修施工手册 [M]. 北京：中国建筑工业出版社，2017.

[7] 庞金昌. 建筑施工工艺 [M]. 北京：中国建材工业出版社，2010.

[8] 江正荣，朱国梁. 建筑施工工程师手册：第4版 [M]. 北京：中国建筑工业出版社，2017.

[9] 陈亮奎. 装饰材料与施工工艺 [M]. 北京：中国劳动社会保障出版社，2014.

[10] 刘合森. 建筑装饰施工 [M]. 北京：中国建筑工业出版社，2018.

[11] 霍海娥. 建筑安装识图与施工工艺 [M]. 北京：科学出版社，2018.

[12] 孙晓红. 建筑装饰材料与施工工艺 [M]. 北京：机械工业出版社，2013.

[13] 郑伟. 建筑施工技术 [M]. 长沙：中南大学出版社有限责任公司，2016.

[14] 赵志文. 墙面装饰构造与施工工艺 [M]. 北京：中国建筑工业出版社，2007.

[15] 毛志兵. 装饰装修工程细部节点做法与施工工艺图解 [M]. 北京：中国建筑工业出版社，2018.